John Yew Huat Tang

Campylobacter - Uma visão geral

John Yew Huat Tang

Campylobacter - Uma visão geral

Imprint

Any brand names and product names mentioned in this book are subject to trademark, brand or patent protection and are trademarks or registered trademarks of their respective holders. The use of brand names, product names, common names, trade names, product descriptions etc. even without a particular marking in this work is in no way to be construed to mean that such names may be regarded as unrestricted in respect of trademark and brand protection legislation and could thus be used by anyone.

Cover image: www.ingimage.com

This book is a translation from the original published under ISBN 978-3-659-85942-7.

Publisher:
Sciencia Scripts
is a trademark of
Dodo Books Indian Ocean Ltd. and OmniScriptum S.R.L publishing group

120 High Road, East Finchley, London, N2 9ED, United Kingdom
Str. Armeneasca 28/1, office 1, Chisinau MD-2012, Republic of Moldova, Europe
Printed at: see last page
ISBN: 978-620-5-49569-8

DEDICAÇÃO

Este livro é dedicado à minha amada esposa, Sapphire.

Ela inspirou-me a completar todos os trabalhos difíceis e a dar sempre o meu melhor.

Índice

CAPÍTULO 1

Campylobacter

1.1 Descoberta de *Campylobacter*

A primeira descoberta de *Campylobacter* remonta a 1913, quando foi associada ao aborto em ovinos e bovinos (Karmali, 1979). Nessa altura, *o Campylobacter* foi classificado como vibrião microaerofílico devido à sua semelhança com o vibrião, mas necessitando de um ambiente microaerofílico para crescer (Karmali, 1979). A sua associação com o aborto em ovinos e bovinos foi mais tarde confirmada e designada como *Vibrio fetus* (Smith, 1918; Smith e Taylor, 1919).

Jones e Little (1931a) referiram que *o Vibrio fetus* estava implicado na causa de uma doença grave e ocasionalmente fatal nos bovinos, conhecida como diarreia de inverno ou disenteria de inverno, no ano de 1931. Os bovinos diagnosticados com diarreia de inverno ou disenteria de inverno apresentavam dores abdominais e diarreia grave acompanhada de sangue e muco (Jones e Little, 1931a). No entanto, a doença é geralmente auto-limitada e desaparece em poucos dias (Jones e Little, 1931a).

Karmali (1979) relatou que os humanos que sofriam de enterite *por Campylobacter* apresentavam sintomas semelhantes aos dos bovinos que sofriam de disenteria de inverno. A infeção humana associada a vibrios microaerofílicos foi registada num grande surto institucional de gastroenterite em Illinois. Os organismos semelhantes a vibrios foram observados microscopicamente em esfregaços corados de fezes, mas não puderam ser cultivados a partir das fezes, mas as culturas de sangue recuperaram vibrios microaerófilos de 13 de 39 pacientes. Levy (1946) relatou que os vibrios microaerofílicos isolados do surto demonstraram caraterísticas semelhantes às descritas por Smith (1918) e Jones *etal.* (1931).

Os isolados de vibrios microaerófilos de várias fontes demonstraram dois grupos distintos, sendo que o primeiro grupo correspondia à descrição existente de *V. fetus*, enquanto o segundo grupo diferia do primeiro, na medida em que a sua temperatura óptima de crescimento era de 42°C em vez de 37°C e não crescia a 25°C (King, 1962). King (1962) designou este grupo de organismos como vibrios "relacionados". Ela destacou particularmente um paciente que esteve em contacto com galinhas infectadas com os vibrios "relacionados", que ficou extremamente desidratado e acabou por morrer em choque. A autópsia do jejuno e do meio do íleo do doente revelou uma patologia semelhante à da diarreia de inverno dos bovinos causada pelo *V. jejuni* (King, 1962; Jones e Little, 1931a; 1931b).

1.2 Taxonomia de *Campylobacter* spp.

A família Campylobacteraceae é constituída por quatro géneros: *Campylobacter, Arcobacter, Sulfurospirillum* e *B. ureolyticus*, genericamente classificado de forma incorrecta. As caraterísticas gerais incluem bactérias gram-negativas, não formadoras de esporos, móveis, requerem crescimento microaeróbio e as células são bastonetes curvos, em forma de S ou em espiral (Debruyne *et al.* 2008).

Antes de 1963, as classificações bacterianas baseavam-se principalmente na morfologia celular, nos requisitos de crescimento, nos testes bioquímicos e nos testes imunológicos (On, 2005). A existência de critérios tão limitados para classificar as bactérias levou a que numerosas bactérias fossem classificadas no mesmo género. No género *Vibrio*, que é essencialmente definido como uma bactéria de forma curva ou espiralada que se assemelha ao agente causador da cólera (On, 2005). Como tal, o género *Vibrio*, antes de 1963, contém muitos taxa microaeróbios e anaeróbios. No ano de 1963, várias espécies de *Vibrio* foram separadas dos vibrios genuínos no novo género *Campylobacter*, aplicando o teste de Hugh e Leifson para o metabolismo fermentativo e a relação G + C no ADN genómico (On, 2005). Estes testes adicionais permitiram-lhes diferenciar o *"V. fetus"* e o *"V. bubulus"* das "verdadeiras" espécies de *Vibrio*. O nome *Campylobacter* foi dado com base na palavra grega "kampylos", que significa curvo. *As Campylobacter* crescem geralmente em condições microaeróbicas, mas algumas espécies crescem em condições aeróbicas ou anaeróbicas. As fontes de energia *das Campylobacter* utilizam principalmente aminoácidos ou intermediários do ciclo do ácido tricarboxílico (TCA). Não metabolizam, fermentam nem oxidam hidratos de carbono (Debruyne *et al.* 2008) e crescem num intervalo de temperaturas entre 32°C e 42°C (Stanley *etal.*, 1998b).

1.3 Caraterísticas do género *Campylobacter*

As células *de Campylobacter* são bastonetes delgados, espiralados ou curvos, com 0,2 a 0,8 pm (largura) e 0,5 a 5 pm (comprimento). As células *de Campylobacter* podem formar corpos cocóides (formas degenerativas de *Campylobacter*) em culturas antigas. *As Campylobacter* são geralmente móveis e têm um flagelo não enrolado numa ou em ambas as extremidades da célula, com exceção da C. gracilis que não é móvel e da C. *showae* que tem múltiplos flagelos (Debruyne *et al.* 2008).

As Campylobacter requerem um ambiente microaerófilo para crescer, que consiste em 3-15% de oxigénio e 2-10% de CO_2 (Forsythe, 2000). No entanto, existem algumas espécies que crescem em condições anaeróbias, tais como C. *gracilis*, C. *concisus*, C. *rectus* e C. *showae* (de Vries *et al.*, 2008). Estas *Campylobacter* anaeróbias são capazes de crescer em condições microaeróbias apenas se o hidrogénio, o formiato ou o succinato forem suplementados como fonte de electrões (Debruyne *et al.* 2008). Foi relatado que os membros da família *Campylobacteraceae* têm uma respiração de quinonas em que a menaquinona-5 e a menaquinona-6 são os principais componentes (Vandamme, 2000). Todas as espécies de *Campylobacter* são positivas para a oxidase, exceto *Campylobacter gracilis* (Fields e Swerdlow, 1999; Vandamme, 2000).

As Campylobacter crescem de forma óptima a temperaturas entre 37 e 42°C. O grupo termofílico, como C. *jejuni,* C. *coli,* C. *lardis* e C. *upsaliensis*, cresce melhor a uma temperatura de 42°C. *Os Campylobacter* termófilos, nomeadamente C. *jejuni* e C. *coli,* estão mais associados a doenças gastrointestinais humanas, sendo responsáveis por 95% de todos os isolados clínicos no Reino Unido (Thomas *etal.*, 1999). Apesar de serem denominadas termofílicas com base na sua temperatura de crescimento mais elevada, *as Campylobacter* são facilmente inactivadas pelo calor e não sobrevivem ao tratamento de pasteurização nem aos procedimentos típicos de cozedura (Konkel *et a!*, 1998). A capacidade de sobrevivência das *Campylobacter* é fraca e a replicação não ocorre facilmente (Ketley, 1997). São sensíveis à congelação, secagem, condições ácidas (pH < 5,0) e salinidade.

O genoma de C. *jejuni* tem cerca de 1,6 a 1,7 Mbp com um rácio G+C de aproximadamente 30% (Owen e Leaper, 1981). Além disso, foram detectados elementos extra-cromossómicos, como plasmídeos e bacteriófagos, em *Campylobacter* spp. (Bacon *etal.*, 2000). No ano 200, houve um grande avanço na investigação sobre *Campylobacter* com a publicação da sequência do genoma de *Campylobacter jejuni* NCTC11168. A estirpe publicada de C. *jejuni* tem um cromossoma relativamente mais pequeno em comparação com outras bactérias e prevê-se que codifique 1.654 proteínas e 54 espécies estáveis de ARN. Pensa-se que seja um dos genomas bacterianos mais densos (se não o mais denso) até à data, em que 94,3% do genoma codifica proteínas (Parkhill *et al.*, 2000). O tamanho mais pequeno do cromossoma (cerca de 1.600 em comparação com mais de 5.000 na *Salmonella)* também significa que o número de genes é limitado *e* isto pode explicar a razão pela qual *Campylobacter* tem requisitos de crescimento fastidiosos.

1.3.1 *Campylobacter jejuni*

Geralmente, *Campylobacter jejuni* compreende duas subespécies: C. *jejuni* subsp. *jejuni* e C. *jejuni* subsp. *doylei* (On, 2005; Debruyne *etal.* 2008). A C. *jejuni* subsp. *jejuni* é comummente designada por C. *jejuni* (On, 2005) e foi reconhecida como uma das bactérias mais frequentemente isoladas em todo o mundo a partir de gastroenterite humana (Skirrow, 1994). Para além de causar gastroenterite e intoxicação alimentar, também se sabe que pode causar septicemia e perturbações neuropáticas (Skirrow e Blaser, 2000). O C.

jejuni tornou-se um importante agente patogénico de origem alimentar devido à sua ocorrência como comensal numa vasta gama de hospedeiros animais, que inclui galinhas, bovinos, suínos, ovinos e avestruzes (Skirrow, 1994) e o homem pode ser infetado por ele através do consumo destes animais como alimento ou como resultado da contaminação cruzada destes animais.

Foi demonstrado que C. *jejuni* subsp. *doylei* é carateristicamente diferente de C. *jejuni* subsp. *jejuni* no que respeita à sua distribuição, ecologia e caraterísticas (On, 2005). A importância patogénica *de C. jejuni* subsp. *doylei* é desconhecida, mas foi encontrada em casos de enterite, gastrite e septicemia (Steele e Owen, 1988; Lastovica e Skirrow, 2000; On, 2005). C. jejunisubsp. *doylei* não reduz o nitrato (On, 2005; Debruyne *et al.* 2008) mas cresce otimamente a 42°C (On, 2005).

1.3.2 *Campylobacter coli*

Campylobacter coli é outro importante agente enteropatogénico humano do género *Campylobacter*, para além de C. *jejuni*. A separação de C. *jejuni* subsp. *jejuni* e C. *coli* continua a ser um problema taxonómico importante, uma vez que o fenótipo e o genótipo gerais de ambos os taxa são geralmente semelhantes e o teste mais fiável e mais utilizado é o teste de hidrólise do hipurato (Harvey, 1980), no qual C. co*l*/g dá um resultado negativo. No entanto, algumas estirpes de C. *jejuni* subsp. *jejuni* também dão resultados negativos. Como tal, foram utilizados testes adicionais que incluem a produção de sulfureto de hidrogénio em ágar de ferro triplo açúcar, o crescimento num meio mínimo (On *et al.*, 1996) e a utilização de propionato (Occhialini *et al.*, 1996). A complexidade desta área taxonómica foi demonstrada por dados que mostram que certas estirpes *de Campylobacter*, inicialmente descritas como uma espécie distinta, como C. *hyoilei*, eram na realidade C. *coli* (Vandamme *et al.*, 1997), apesar de terem uma maior semelhança de sequência de 16S rRNA com C. *jejuni* (Aiderton *et al.*, 1995). Além disso, certas estirpes que se assemelham muito a C. *coli* são genotipicamente mais divergentes da estirpe tipo (60% de parentesco ADN-ADN) (Morris *etal.*, 1985).

CAPÍTULO 2

Capacidade de sobrevivência *de Campylobacter* no ambiente

Os Campylobacter são conhecidos por serem organismos sensíveis e fastidiosos que não se desenvolvem facilmente no ambiente ou nos alimentos (Park, 2002). *Campylobacter* apresentou diferentes perfis de respiração quando exposto a uma temperatura subóptima (25°C) (Tang *et al.*, 2010a). A uma temperatura subóptima, *Campylobacter* é mais sensível a alterações no pH, na osmolaridade e no teor de sal. No entanto, *Campylobacter* continua a ser capaz de utilizar fontes de carbono para o metabolismo (Tang *et a!.*, 2010a). Apesar destas desvantagens, a presença de *Campylobacter* na cadeia alimentar, que eventualmente causa intoxicação alimentar, levanta a questão de saber como é que causam infecções nos seres humanos, quando não são facilmente isoladas dos alimentos.

O estado viável mas não cultivável (VBNC) é referido como um dos modos de sobrevivência de *Campylobacter* em condições desfavoráveis. Para além disso, pensa-se que a elevada diversidade genética no seio do grupo de *C. Jejuni* e *C. coli* apoia a sua sobrevivência em ambientes desfavoráveis (Murphy *et al.*, 2003; Rollins e Colwell, 1986). Vários estudos relataram que *Campylobacter* apresentou um comportamento fisiológico invulgar e estas caraterísticas distintas podem ajudar *Campylobacter* a ser um agente patogénico alimentar bem sucedido (Murphy *eta!.*, 2006; Park, 2002; Park, 2005).

2.1 Resposta ao stress térmico

As Campylobacter requerem requisitos de crescimento específicos e estreitos para se replicarem e é muito pouco provável que se repliquem fora do hospedeiro humano ou animal. A taxa de crescimento *de Campylobacter* demonstrou uma diminuição significativa dentro de alguns graus perto da temperatura máxima de crescimento, bem como perto da temperatura mínima de crescimento em que a replicação ocorre entre 32 e 47°C (Ketley, 1997).

Geralmente, *as Campylobacter* termófilas são sensíveis ao calor, apesar de necessitarem de uma temperatura mais elevada (42°C) para um crescimento ótimo, os processos de tratamento térmico, como a pasteurização e os processos de cozedura domésticos, são eficazes para erradicar *as Campylobacter* spp. O tratamento térmico designado para erradicar *a Salmonella* e *a Listeria* também mata *as Campylobacter* spp. (Moore e Madden, 2000). Comparativamente, *os Campylobacter* são mais sensíveis, sendo a taxa de mortalidade dos *Campylobacter* spp. reportada como sendo logarítmica, com uma gama de temperaturas de 48,8-55,1 °C e valores D inferiores aos de *Salmonella* spp. e *Listeria* spp (The National Advisory Committee on Microbiological Criteria for Foods, 1994; Blankenship e Craven, 1982). A uma temperatura superior a 56°C, observou-se uma redução não logarítmica das células *de Campylobacter*, com um efeito de cauda que se desviava da linearidade das curvas logarítmicas de sobrevivência (Moore e Madden, 2000). Este fenómeno sugere que pode existir uma subpopulação resistente ao calor dentro da estirpe-mãe e que pode ajudar a *Campylobacter* a sobreviver em alimentos tratados com calor moderado (Moore e Madden, 2000).

Os Campylobacter termófilos não são capazes de se multiplicar a temperaturas inferiores a 30°C e não se observou a presença da proteína de choque a frio em *C. jejuni* quando incubado a 37°C, 20°C e 4°C (Jacobs-Reitsma, 2000; Hazeleger *et al.,* 1998). A ausência desta proteína de choque pelo frio pode explicar a sua incapacidade de crescer a baixas temperaturas. Apesar da incapacidade de crescer a baixas temperaturas, a sua atividade metabólica ainda é mensurável a uma temperatura de ~15°C (Kelly *et al.,* 2003). O *C. jejuni* é móvel, o que o ajuda a deslocar-se para ambientes favoráveis mesmo a temperaturas tão baixas como 4°C, tendo sido sugerido que a transição dependente da temperatura das enzimas reguladoras contribui para este fenómeno observado (Hazeleger *et al.,* 1998).

Os estudos revelaram uma diminuição da contagem de células *de Campylobacter* quando incubadas a baixas temperaturas. Bhaduri e Cottrell

(2004) relataram que a contagem de células *de Campylobacter* diminuiu significativamente para 0,34-0,81 log ufc/g em frango moído e de 0,31-0,61 log ufc/g em pele de frango a partir de uma inoculação inicial de 8 log ufc/g quando mantida refrigerada durante 3-7 dias. Estes resultados estão de acordo com um relatório anterior em que a carne de frango com inóculos iniciais de 6-7 log cfu/g e armazenada a 4°C mostrou uma redução de 1-2 log cfu/g (Blankenship e Craven, 1982).

A viabilidade das células *de Campylobacter* foi grandemente reduzida sob temperatura de congelação e ciclos de congelação-descongelação (Fernandez e Pison, 1996; Lee *et al.,* 1998). A formação de cristais de gelo, a nucleação do gelo e a desidratação foram identificadas como factores que induzem lesões nas células bacterianas durante a congelação (Lee *et al.,* 1998). Além disso, o stress oxidativo também contribui para a lesão por congelação das células *de Campylobacter* (Stead e Park, 2000). No entanto, o C. *jejuni* manteve-se viável durante pelo menos três ciclos de congelação-descongelação, mesmo a baixas concentrações. Apesar de se tratar de um organismo frágil, pensa-se que a composição dos alimentos contribui para a sobrevivência de *Campylobacter* em alimentos como a pele de frango e a camada de gordura subcutânea na carne de vaca, proporcionando um microambiente que protege *Campylobacter* (Dykes e Moorhead, 2001; Lee *etal.,* 1998).

2.2 Resposta ao stress osmótico

Os Campylobacter são muito vulneráveis à pressão osmótica e as estirpes *de C. jejuni* são incapazes de crescer numa solução com 2,0% de cloreto de sódio (Doyle e Roman, 1982a). Foi observada uma diminuição da capacidade de sobrevivência *de Campylobacter* quando a concentração de cloreto de sódio aumentou de 0% para 2% em alimentos refrigerados (Abram e Potter, 1984). Comparativamente, *os Campylobacter* são menos tolerantes à pressão osmótica causada pelo cloreto de sódio do que as *Salmonella* e *L. monocytogenes*, que são capazes de crescer em concentrações de cloreto de sódio de 4,5% e 10,0%, respetivamente (Park, 2002).

Além disso, sabe-se que *as Campylobacter* são altamente sensíveis à desidratação, uma vez que perdem instantaneamente a viabilidade quando a atividade da água desce abaixo de 0,97. *As Campylobacter* sobrevivem melhor a baixas temperaturas com elevada humidade do que a altas temperaturas com baixa humidade (Oosterom *etal.,* 1983).

2.3 Resposta ao stress oxidativo

Em geral, *as Campylobacter* são intolerantes ao nível de oxigénio atmosférico. Requerem condições microaerofílicas para sobreviver, mas alguns estudos mostraram a possibilidade de crescimento na presença de ar em determinadas condições. Pensa-se que a superóxido dismutase, em vez da catalase, é essencial para a sobrevivência durante a exposição ao oxigénio do ar (Jones *etal.,* 1993; Purdy *etal.,* 1999; Stead e Park, 2000). Sendo um microrganismo móvel, *o Campylobacter* deslocar-se-ia para um ambiente favorável por aerotaxia e quimiotaxia quando exposto a atmosferas desfavoráveis (Hazeleger *et al.,* 1998).

Diferentes abordagens de embalagem de alimentos, como a embalagem em vácuo, a embalagem em atmosfera modificada (MAP) ou o invólucro permeável ao oxigénio, tiveram pouco efeito na sobrevivência de *Campylobacter* em carne de vaca ou de frango embalada (The National Advisory Committee on Microbiological Criteria for Foods, 1994). No entanto, estudos mostraram que a carne armazenada no frio (4°C) combinada com embalagem MAP ou vácuo pode possivelmente aumentar a segurança da carne (Hanninen *et al.,* 1984; Wesley e Stadelman, 1985). Foi observada uma diminuição da contagem de células de 0,5 a 4,2 log ufc/g num período de 25 dias . Contudo, isto depende do alimento que está a ser investigado e das estirpes bacterianas (Hanninen *et al.,* 1984; Wesley e Stadelman, 1985). Contrariamente, Dykes e Moorhead (2001) mostraram que não há alterações significativas na contagem de células bacterianas entre as embalagens investigadas praticadas em cortes de carne de vaca inoculados a -1°C durante

41 dias. Os produtos alimentares com embalagem a vácuo ou CO2 armazenados a -20°C não revelaram *a presença de Campylobacter* viáveis após 14 dias (Lee *etal.,* 1998).

2.4 Resposta ao pH

As Campylobacter crescem num intervalo de pH de 6,5 a 7,5; observou-se uma diminuição rápida do número de células quando o valor de pH é superior a 9,0 ou inferior a 4,0 (Gill e Harris, 1983). Bjorkroth (2005) relatou que a sobrevivência de C. *jejuni* em marinada simples (temperatura 4°C, pH 4,5 e NaCl 5,9%) com um inóculo inicial de 5,4 log cfu/ml foi reduzida em 2,4 log cfu/ml em 24 h e não foi detetável após 48 h. No entanto, foi relatado que os produtos de carne marinados prolongam a sobrevivência de *Campylobacter* até 9 dias com inóculos iniciais de 4-5 log cfu/ml. Isto pode dever-se à capacidade de tamponamento da carne que neutraliza o pH da marinada ácida (Bjorkroth, 2005).

2.5 Formação de biofilme

Foi relatado que *Campylobacter* é capaz de formar biofilmes e também múltiplos em biofilmes em diferentes tipos de superfícies (Kalmokoff *et al.,* 2006). *Campylobacter* demonstrou capacidade de manter a sua viabilidade em biofilmes mistos, nos quais condições atmosféricas hostis e de baixo teor de nutrientes não foram capazes de impedir a sua sobrevivência até 1 semana a 10°C. Foi observada uma maior capacidade de sobrevivência em C. *jejuni* quando existe uma maior cobertura da superfície dos biofilmes e das suas substâncias exopoliméricas (Trachoo *et al.,* 2002).

2.6 Células viáveis mas não cultiváveis (VBNC) e cocóides

Pensa-se que o estado viável mas não cultivável (VBNC) é uma das formas de as bactérias, quando expostas ao stress ambiental, permanecerem infecciosas, apesar de já não serem cultivadas em laboratório (Park, 2002). As bactérias no estado VBNC continuam a ser metabolicamente activas e, em determinadas condições, podem voltar à viabilidade total (Park, 2002). Desde a descoberta da forma VBNC de C. *jejuni* em 1986 (Rollins e Colwell, 1986), há relatos de *Campylobacter* na forma VBNC que são capazes de infetar animais (Cappelier *etal.*, 1999a e b; Jones *etal.*, 1991).

A exposição ao oxigénio, as alterações de temperatura e a inanição podem diminuir rapidamente a capacidade de cultura de *Campylobacter* (Park, 2002). Foram elaborados relatórios contraditórios sobre a recuperação de células VBNC *de Campylobacter* em modelos animais, nos quais alguns grupos relataram uma recuperação bem sucedida (Saha *et al.*, 1991; Pearson *et al.*, 1993), enquanto outros relataram o contrário (Beumer *et al.*, 1992; Medema *et al.*, 1992). Estudos posteriores mostraram que apenas um número limitado de isolados é capaz de formar células VBNC (Tholozan *et al,*

1999) e foi sugerido que o estado VBNC pode ser simplesmente devido a diferenças de tensão (Park, 2002).

A formação de células cocóides em *Campylobacter* (Moran e Upton, 1987) tem sido associada à fase dormente VBNC em C. *jejuni* (Park, 2002). Estas células cocóides são formas degenerativas de *Campylobacter* que contêm níveis reduzidos de ácidos nucleicos, péptidos, bem como integridade celular (Beumer *etal.*, 1992; Boucher *etal.,* 1994). Esta forma cocóide não é geralmente viável e podem formar-se diferentes células cocóides a diferentes temperaturas. A formação de células cocóides é um processo passivo e não ativo, em que a inibição da síntese proteica ou da replicação do ADN não impediu a formação de células cocóides (Kelly *etal.*, 2001; Hazeleger *etal.*, 1995).

CAPÍTULO 3

Campylobacter em alimentos

3.1 Carnes

Os animais criados para a produção de carne, tais como aves de capoeira, bovinos, suínos e ovinos, estão frequentemente implicados na contaminação por *Campylobacter*. Vários estudos sugeriram que o consumo de aves de capoeira mal cozinhadas e/ou a manipulação de aves de capoeira cruas se encontram entre os principais factores de risco que contribuem para a campilobacteriose humana (Alterkruse *et al.*, 1999; Blaser, 1997; Kapperud *et al.*, 1992). A natureza coprófaga das galinhas contribuiu para um maior risco de serem infectadas com *Campylobacter* através de alimentos e água contaminados com material fecal (Shanker *et al.*, 1990). O *Campylobacter* coloniza normalmente as aves de capoeira no intestino delgado, com concentrações que variam entre log 5 e log 9 CFU/g (Berndtson *etal.*, 1992; Mead *etal.*, 1995; Rosenquist *etal.*, 2006). As aves colonizadas não apresentam sinais de doença clínica mesmo com um nível elevado de colonização (Berndtson *etal.*, 1992). As aves de capoeira são reconhecidas como uma fonte importante de *Campylobacter* spp. e se a carne de aves de capoeira infetada for introduzida na cozinha, contribuirá para a contaminação cruzada de outros alimentos através de práticas incorrectas de manuseamento dos alimentos (Jorgensen *et al.*, 2002).

A prevalência de C. *jejuni* em bovinos produtores de carne é tão elevada como 89% e o nível de C. *jejuni* excretado nas fezes frescas foi de cerca de log 2 NMP/g (Stanley *etal.*, 1998b). Verificou-se que a presença *de* *Campylobacter* nos bovinos é mais elevada nos vitelos do que nos bovinos adultos (>1 ano) (Busato *etal.*, 1999; Nielsen, 2002).

Os suínos albergam frequentemente C. *coli* em vez de C. *jejuni*, enquanto os cordeiros albergam *Campylobacter* em 91,7% de 360 amostras de intestino delgado com um log médio de 4,0 NMP/g (Oporto *et al.*, 2007; Stanley *et al.*,

1998a). A prevalência de *Campylobacter* em miudezas comestíveis de animais de criação é considerada mais elevada do que a contaminação das carcaças e sugere-se que não se deve à colonização interna, mas a fugas intestinais durante o processamento (Kramer *et al.*, 2000; Moore e Madden, 1998).

3.2 Lacticínios

Foi registado um surto relacionado com o leite em que 13 de 15 pessoas que consumiram leite cru ficaram doentes e *C. jejuni* foi isolado de cinco de seis amostras de fezes examinadas (Peterson, 2003). Estudos descreveram que a contaminação do leite cru é possível quando o úbere é infetado por *Campylobacter* (Orr *etal.*, 1995). Além disso, a contaminação do leite cru por *Campylobacter* também é considerada provável através das fezes da vaca (Schildt *et al.*, 2006).

Estudos demonstraram uma maior incidência de *Campylobacter* nas fezes do que a ocorrência encontrada nas amostras de leite das mesmas manadas (Beumer *et al.*, 1988; Doyle e Roman, 1982b; Humphrey e Beckett, 1987). Curiosamente, *os Campylobacter* não são normalmente detectados no leite, embora os isolados de vacas leiteiras na exploração sejam semelhantes aos isolados de doentes (Robinson *et al.*, 1979). Um estudo descobriu que as células *de Campylobacter* são incapazes de crescer no leite (Kalman *etal.*, 2000) mas podem sobreviver durante várias horas no leite à temperatura ambiente e várias semanas a 4°C (Blaser *et al.*, 1980). A percentagem de *Campylobacter* no leite é relativamente baixa, mas foram registados vários surtos relacionados com o leite como resultado de um processo de pasteurização inadequado (Blaser et a/., 1983; Fahey eta/., 1995) e uma dose no leite tão baixa como 500 células é considerada suficiente para produzir gastroenterite (Robinson, 1981). Aves como gralhas e pegas que bicam a parte superior das garrafas de leite foram consideradas como um fator adicional de contaminação do leite devidamente tratado termicamente (Hudson *etal.*, 1991).

Verificou-se que a sobrevivência *de Campylobacter* na manteiga refrigerada era de até 13 dias, mas não na manteiga com alho, sendo *as Campylobacter* mortas instantaneamente (Zhao *et al.*, 2000). Verificou-se que o conteúdo de ácidos orgânicos encontrado no leite fermentado, como o iogurte, mata as células *de Campylobacter* (Cuk *et al.*, 1987). Verificou-se que *Campylobacter* está presente em queijos duros, semi-duros e moles (Allmann *etal.*, 1995; Bachmann e Spahr, 1995; Wegmuller *et al.*, 1993).

3.3 Água e marisco

C. jejuni tem estado implicado em surtos de origem hídrica na Finlândia, em que dois dos três casos foram sugeridos devido ao escoamento de águas superficiais para poços de água subterrânea (Hanninen *etal.*, 2003). Para além da contaminação por águas superficiais, foram também notificados surtos de *Campylobacter* associados ao consumo de água não tratada com cloro e não fervida (Kuusi *et al.*, 2005). O surto de C. *coll transmitido* pela água foi relatado pela primeira vez em França, onde a fonte de contaminação foi identificada como sendo o escoamento da agricultura e a falha no sistema de cloração da água (Gallay *etal.*, 2006).

A contaminação do marisco por *Campylobacter* é sugerida como sendo devida à presença de *Campylobacter* no ambiente marinho (Abeyta *et al.*, 1993). Os bancos de marisco que se localizam perto de fontes de contaminação de alto risco, como efluentes de esgotos, escoamento de terras agrícolas, bem como reservatórios de aves aquáticas, foram relatados como representando um risco para a saúde humana através do consumo de ostras cruas (Abeyta *et al.*, 1993).

3.4 Legumes

Foi efectuado um inquérito a 1564 amostras frescas de 10 tipos de produtos hortícolas provenientes de mercados exteriores de agricultores e de supermercados para detetar a presença de *Campylobacter*. Do estudo, não foi detectada nenhuma *Campylobacter* nas amostras dos supermercados e apenas uma pequena percentagem (2,9%) de *Campylobacter* foi detectada nas amostras dos mercados ao ar livre. Entre os legumes que foram notificados como estando contaminados com *Campylobacter* incluem-se os espinafres, a alface, o rabanete, a cebolinha, a salsa e as batatas, não tendo sido detectada qualquer contaminação no aipo, na cenoura, na couve e no pepino.

Pensou-se que uma lavagem completa eliminaria *Campylobacter* das amostras (Park e Sanders, 1992).

Outros estudos não registaram ou registaram uma percentagem baixa de contaminação por *Campylobacter* nos legumes, que variava entre 0,5 e 3,6% (McMahon e Wilson, 2001; Odumeru *et al.,* 1997; Sagoo *et al.,* 2001; Kumar *et al.,* 2001). No entanto, num estudo realizado na Malásia, verificou-se que os legumes crus consumidos como *"Ulam"* estavam altamente contaminados com *Campylobacter*, que variava entre 29,4 e 67,7% (Chai *etal!,* 2007).

Um estudo relatou uma baixa prevalência de *Campylobacter* em três de 200 cogumelos frescos obtidos em mercearias locais, mas não foi possível determinar a fonte de contaminação (Doyle e Schoeni, 1986). McMahon e Wilson (2001) não detectaram qualquer *Campylobacter* em 86 amostras de cogumelos biológicos frescos, enquanto Whyte *et al.* (2004) investigaram a presença de *Campylobacter* em cogumelos e descobriram que 2 de 217 amostras de cogumelos a retalho estavam contaminadas.

CAPÍTULO 4

Contaminação *por Campylobacter* em aves de capoeira

4.1   Fazenda

O Campylobacter encontra-se normalmente em animais de vida livre (Broman *et al.*, 2002). A propagação de *Campylobacter* dentro de um bando é muito rápida e capaz de atingir todas as aves testadas até ao final do período de crescimento (49 d) se forem introduzidas aves infectadas na população (Gregory *etal.*, 1997).

Várias fontes possíveis (Figura 4.1) de frangos de carne podem ser infectadas por agentes patogénicos através de transmissão vertical e horizontal.

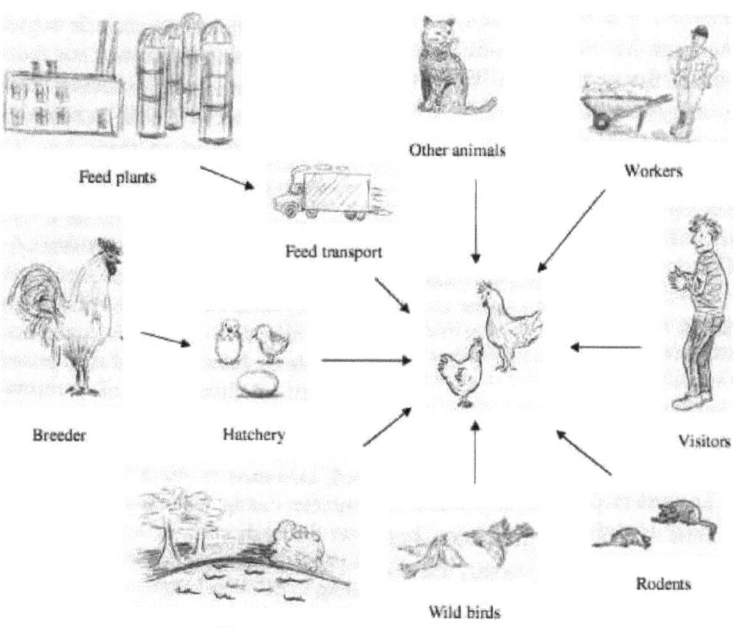

Figura 4.1. Possíveis fontes de infeção dos frangos de criação por agentes patogénicos.

(Adaptado de Lewerin *et al.*, 2005)

A transmissão horizontal do agente patogénico pode ser feita através de vários factores que incluem a cama, o contacto fecal, a água contaminada, os insectos, as aves selvagens, os roedores e o pessoal da exploração (Evans e Sayers, 2000; Line 2001). Pensou-se que os alimentos para animais não eram responsáveis pela propagação de *Campylobacter* porque são demasiado secos para que o *Campylobacter* possa sobreviver (Saleha, 2004). Stern e Robach (2003) verificaram que 94% das fezes de frango testadas eram positivas para *Campylobacter*, com uma concentração média de 5,17 log-io CFU/g. Outros estudos concluíram que as galinhas podem albergar *Campylobacter* até 9 logw CFU/g de conteúdo cecal sem sintomas (Altekruse *etal.*, 1999; Berndtson *etal.*, 1992).

A transmissão vertical é outra forma possível, mas não é o principal modo de transmissão. A transmissão vertical foi sugerida depois de um estudo ter concluído que os tipos de isolados *de Campylobacter* provenientes de incubadoras e os isolados de *Campylobacter* provenientes de frangos de carne subsequentes eram indistinguíveis (Pearson *etal.*, 1996).

Pensou-se que a retirada dos alimentos dos frangos de carne em idade de comercialização para permitir a desobstrução do trato gastrointestinal reduziria a potencial contaminação fecal das aves de capoeira durante o abate. No entanto, o estudo revelou que 254 de 359 aves (70,8%) eram positivas para *Campylobacter* após a retirada da ração, em comparação com 90 de 360 aves (25%) que eram positivas para *Campylobacter* antes da retirada da ração. Assim, a retirada da ração não é uma forma eficaz de reduzir a contaminação por *Campylobacter* em frangos de carne (Byrd *et al.*, 1998).

O transporte de frangos de carne também aumenta a prevalência de contaminação por *Campylobacter*. As populações de *Campylobacter* aumentaram durante o transporte e a manutenção antes do abate (Stern *et al.*, 1995a). Foi sugerido que o *Campylobacter* que tinha sido ingerido pelas aves antes ou durante o acondicionamento e o transporte colonizava o ceco (Moran e Bilgili, 1990).

4.2 Matadouro

No matadouro, os frangos estão a ser descarregados para se prepararem para o processo de abate. Os frangos abatidos estão a ser escaldados para abrir os folículos das penas, a fim de facilitar a remoção das penas. Berrang e Dickens (2000) referiram que a *Campylobacter* pode ser recuperada do tanque de escaldagem após uma contagem inicial de células *de Campylobacter* de 3,8 log-io CFU/g na pele do peito antes de entrar no tanque de escaldagem. No entanto, o processo de escaldagem reduziu o número de *Campylobacter*, que era de 1,8 logw CFU/g (após a escaldagem) em comparação com 4,73 logio CFU/g (antes da escaldagem) (Stern *et al.*, 2001a).

Acreditava-se que a contaminação cruzada entre frangos ocorria durante o processo de depenagem dos frangos (Wempe *et al.*, 1983; Stern *et al.*, 1995b). Wempe *etal.* (1983) isolaram com sucesso C. *jejuni* de 94,4% das amostras de água de gotejamento do apanhador de penas. Sugere-se que os dedos mecânicos de borracha sejam os culpados pela contaminação cruzada; um estudo constatou um aumento nas contagens de *Campylobacter* após a depenagem (Izat *et al.*, 1988; Wempe *et al.*, 1983; Stern 1995b). Tais resultados foram confirmados mais tarde, em que a contagem *de Campylobacter* aumentou significativamente após a depenagem para 3,7 log-io CFU/g (Berrang e Dickens, 2000).

A máquina de lavar carcaças utilizada para limpar carcaças de frango foi considerada menos eficaz na remoção de *Campylobacter*. Isto deve-se ao facto de a utilização de água fria não diminuir a tensão superficial da água, que é um fator importante na remoção de bactérias/féculas. Foi registada uma redução mínima de *Campylobacter* de 0,5 log-io CFU/g, mesmo com a utilização de um elevado volume de água, superior a 9 L por ave (Bashor *et al.*, 2004).

Os refrigeradores de carcaças são outro meio potencial de contaminação cruzada de *Campylobacter*. Verificou-se que os níveis de *Campylobacter* eram mais elevados em carcaças refrigeradas por imersão do que por ar (Sanchez *etal.*, 2002).

4.3 Contaminação cruzada durante a preparação dos alimentos

A contaminação cruzada é considerada o principal fator em vários estudos de controlo de casos e surtos domésticos em que a contaminação por *Campylobacter* pode ser direta a partir da carne crua contaminada ou indireta através das superfícies de trabalho, mãos ou utensílios (Gorman *et al,* 2002; Humphrey *et al.*, 2001; Luber *et al.*, 2006; Mattick *et al.*, 2003a). A Figura 4.2 mostra várias formas possíveis de contaminação cruzada no ambiente da cozinha que representam riscos de infeção humana através da ingestão de alimentos contaminados. Como tal, continua a ser a principal prioridade reduzir os níveis de contaminação por *Campylobacter* associados às aves de capoeira cruas, o que tem atraído muita atenção (Alios, 2001).

As tábuas de corte não lavadas são um veículo importante na causa da contaminação cruzada de refeições cozinhadas e prontas a comer. Os factores que afectam a quantidade de transmissão *de Campylobacter* incluem a quantidade de líquido de escorrimento, a área de contacto entre o frango cru e a tábua de cortar e o tempo de contacto (Cogan *et al.*, 2002).

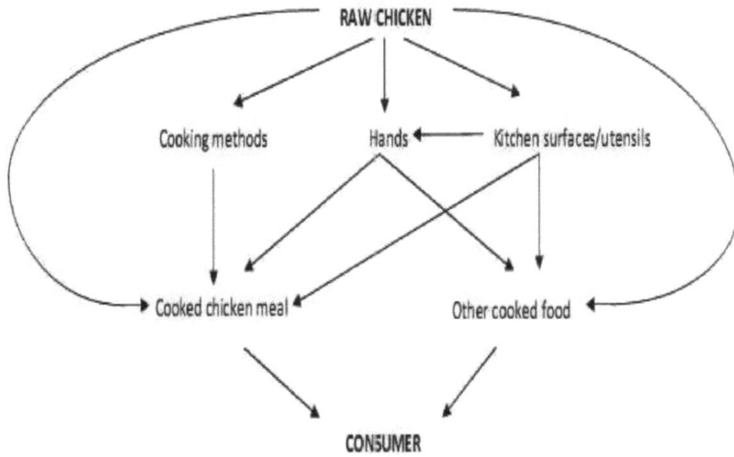

Figura 4.2. Possíveis formas de transmissão de agentes patogénicos

através da manipulação de carne crua de aves de capoeira.

(Adaptado de Griffith e Redmond, 2005)

Suspeita-se que a contaminação cruzada resultante da preparação de aves de capoeira contaminadas represente um risco mais elevado para os consumidores infectados por *Campylobacter* do que o consumo de carne de aves de capoeira mal cozinhada (Luber e Bartelt, 2007). O estudo revelou um elevado número de *Campylobacter* nas mãos, mas a sua importância, em comparação com os utensílios de cozinha contaminados, como veículo de *Campylobacter* depende das práticas individuais na cozinha (Luber *et al.,* 2006). A utilização da mesma tábua de corte para alimentos crus e cozinhados demonstrou transferir significativamente *Campylobacter* do frango cru para o frango cozinhado (Tang et aL, 2011).

Recomenda-se que a temperatura da água seja tão elevada quanto possível para lavar e enxaguar a loiça (Mattick *et al.,* 2003b). Mattick *et al.* (2003a) sugeriram que a loiça suja fosse deixada durante um período de tempo antes de ser lavada, uma vez que *a Campylobacter* mostrou uma fraca sobrevivência em restos de comida expostos ao ar durante 72 h a 21 °C. A limpeza e o enxaguamento à base de detergentes foram eficazes para superfícies contaminadas com *Campylobacter* (Cogan *etal.,* 1999; Cogan *et al.,* 2002).

CAPÍTULO 5

Deteção e enumeração de *Campylobacter*

O *Campylobacter* tem sido consistentemente referido como um microrganismo fastidioso que não sobrevive bem nos alimentos devido às suas caraterísticas, que são sensíveis à secagem, às alterações de temperatura e à concentração de oxigénio atmosférico. No entanto, os surtos de *Campylobacter* relacionados com alimentos em seres humanos têm sido bem documentados e há um aumento constante do número de casos de campilobacteriose em todo o mundo. Devido à sua importância como principal agente patogénico de origem alimentar, muitos países incluem o *Campylobacter* termotolerante na sua vigilância de rotina de microrganismos nos alimentos e na água (FDA, 2001).

Atualmente, ainda não existe um método de ouro ou padrão para detetar e isolar *Campylobacter* a partir de alimentos, fezes ou amostras ambientais. Existem vários protocolos para a contagem e isolamento de *Campylobacter* a partir de alimentos, fezes ou amostras ambientais publicados pela Organização Internacional de Normalização (ISO), pelos Serviços de Laboratórios de Saúde Pública do Reino Unido (PHLS) e pela Administração de Alimentos e Medicamentos dos EUA (FDA) (MSFFG, 2001).

A morfologia das colónias *de Campylobacter* em meios suplementados com sangue ou à base de carvão vegetal é incolor a acinzentada ou creme claro e pode ser lisa, convexa e brilhante com um bordo distinto; translúcida, brilhante e espalhada com um bordo irregular (Stern *et al.*, 2001b). O diâmetro das colónias varia de 1-2 mm a 4-5 mm e podem ser confluentes sem colónias distintas (Stern *et al.*, 2001b).

Preparação de uma colónia *de Campylobacter* e observação com microscópio de campo escuro ou de contraste de fase, as células de C. *jejuni* parecem ser curvas, em forma de S, com asas de gaivota ou hastes em espiral, com 0,2 a 1 pm de largura e 0,5 a 5 pm de largura e 0,5 a 5 pm de comprimento (Stern *et al.,* 2001b). As células *de Campylobacter* são móveis, mas as culturas antigas podem ser cocóides e não móveis (Stern *etal.,* 2001b).

5.1 Deteção e confirmação de *Campylobacter* utilizando os protocolos ISO (1995)

De acordo com o protocolo ISO 1995, são necessárias cinco colónias presuntivas de cada placa de enriquecimento seletivo para exame, a fim de confirmar o isolamento de Campylobacter termotolerante. Estas colónias são submetidas a testes de coloração de Gram, exame microscópico de uma montagem húmida para examinar a motilidade típica de "saca-rolhas", a produção de oxidase e a capacidade de crescer a 25°C. É necessária uma purificação adicional se os testes presuntivos acima mencionados sugerirem a presença de *Campylobacter* mas os isolados apresentarem crescimento a 25°C.

Os testes bioquímicos típicos (ISO 1995) para isolados *de Campylobacter* são:
- Produção de H2S (em ágar ferro triplo açúcar)
- sensibilidade ao ácido nalidíxico e à cefalotina
- hidrólise do hippurato
- teste da catalase.

As reacções típicas para *C. jejuni* e *C. coli* são apresentadas no Quadro 5.1.

Tabela 5.1. Reacções bioquímicas típicas de *C. jejuni* e *C. coli* de acordo com a ISO 1995.

Characteristics	*C. jejuni*	*C. coli*
Growth at 25ºC	-	-
H_2S	-	(+)
Nalidixic acid	S	S
Cephalothin	R	R
Catalase	+	+
Hippurate hydrolysis	+	-

(+) significa ligeiramente positivo

5.2 Métodos de contagem para *Campylobacter*

5.2.1 Contagem de placas

A contagem de placas para *Campylobacter* revelou-se um desafio devido à sua natureza disseminada. Pensa-se que a secagem das placas limita a disseminação das colónias *de Campylobacter*, mas uma secagem excessiva das placas pode inibir o crescimento das colónias (Donnison, 2003).

5.2.2 Número mais provável (NMP)

O método NMP baseia-se em estatísticas de probabilidade para estimar o número de organismos viáveis numa amostra. A amostra que utiliza o método NMP requer a preparação de diluições de dez vezes, nas quais as amostras das diluições de dez vezes são transferidas para uma série de três ou cinco tubos. Os tubos são incubados à temperatura e ao período de tempo ideais para o microrganismo. Os tubos turvos indicam o crescimento de microrganismos nos tubos NMP e estes tubos turvos são considerados tubos positivos. A combinação dos tubos positivos

Os tubos serão comparados com uma tabela padrão de resultados que fornece uma estimativa do número de microrganismos na amostra (Cochran, 1950).

A vantagem do método NMP é que pode detetar um número reduzido de bactérias presentes nas amostras ou que as colónias de bactérias tendem a espalhar-se nas placas de ágar. Considera-se que o método NMP é adequado para a contagem de *Campylobacter* devido à sua caraterística de disseminação nas placas de ágar. O método de enriquecimento NMP é utilizado para enumerar *Campylobacter*, em que a etapa de enriquecimento de *Campylobacter* é efectuada em formato NMP de três tubos (nove tubos por amostra) incubados a 42°C. O formato NMP de três tubos é mais económico em termos de tempo e de utilização de materiais do que o formato NMP de 5 tubos. É adequado para o rastreio de um grande número de amostras de alimentos. No entanto, o formato NMP de 3 tubos é menos preciso do que o formato NMP de 5 tubos (15 tubos por amostra).

Após a etapa de enriquecimento de NMP, cada tubo de NMP é subcultivado em placas de ágar mCCDA em duplicado para deteção e isolamento de *Campylobacter*. O valor NMP (a concentração de *Campylobacter* na amostra) é referido nas tabelas NMP e os resultados são expressos em NMP por volume ou por g.

5.2.3 Método acoplado de reação em cadeia da polimerase-NMP (MPN-PCR)

A deteção e identificação rápidas de microrganismos são cruciais em muitas áreas que abrangem a medicina clínica e veterinária, o ambiente e a produção e transformação de alimentos (Smith *etal.*, 1996). O ensaio molecular é uma ferramenta muito útil no sector alimentar para a deteção e identificação microbiana. O método molecular é preferível ao método de cultura devido às suas vantagens em termos de elevada sensibilidade e especificidade, facilidade de utilização e rapidez (Smith *et al.*, 1996).

Muitos estudos utilizaram métodos moleculares para identificar espécies de *Campylobacter* em amostras e para confirmar a identidade das espécies dos isolados. Além disso, os métodos moleculares também foram combinados com outros métodos para a enumeração microbiana (Ayling *et al.*, 1996; Chai *et al.*, 2007; Chai *et al.*, 2009; Eyers eta/., 1993; Fermerand Engvall, 1999; Gonzalez *etal.*, 1997; Lee *et al.*, 2009; Ponniah *et al.*, 2009; Savill *et al.*, 2001; Wallace *et al.*, 1997).

O método MPN-PCR utiliza as vantagens da capacidade do método do número mais provável (MPN) de enumerar microrganismos que tendem a espalhar-se em placas de ágar e o ensaio de reação em cadeia da polimerase (PCR) para melhorar a sensibilidade e a especificidade. A enumeração de *Campylobacter* até ao nível da espécie é possível através da utilização de iniciadores específicos em métodos moleculares. Muitos estudos referiram a prevalência de *Campylobacter* em amostras de alimentos, mas o número de contaminações *por Campylobacter* nos alimentos é atualmente de interesse para o estudo da avaliação do risco microbiano (Nauta *et al.*, 2005; Rosenquist *et al.*, 2003; Uyttendaele *et al.*, 2006). Os estudos descobriram que a prevalência não significa necessariamente uma concentração elevada de contaminação bacteriana (Campbell *etal.*, 1983; Waldroup *etal.*, 1992) e vice-versa. O método MPN-PCR é uma ferramenta importante para a enumeração de *Campylobacter* em amostras de alimentos (Chai et al., 2007; Tang et al., 2010b).

CAPÍTULO 6

Doenças e sequelas *relacionadas com Campylobacter* no homem devido a campilobacteriose

A infeção por *C. jejuni* no homem causa geralmente gastroenterite com vários sinais e sintomas (Blaser, 1997). Presume-se que se deve à variação entre o hospedeiro e os organismos infectantes. No entanto, as manifestações clínicas típicas da campilobacteriose incluem febre, arrepios, mialgia e dor de cabeça após uma incubação de 24-72 horas. Os doentes que têm diarreia normalmente também sofrem de cólicas abdominais e febre. O aspeto das fezes pode variar entre solto e aguado e a presença de sangue. Na maioria dos casos, estão presentes leucócitos fecais e eritrócitos, independentemente da presença de sangue nas fezes. A dose infecciosa de C. *jejuni* é geralmente baixa, sendo que cerca de 500 células virulentas de *Campylobacter* podem causar uma infeção humana (Black *et al.*, 1988; Robinson, 1981). Os doentes que sofrem de campilobacteriose continuarão a excretar Campylobacter durante várias semanas após a recuperação, tendo o período médio de excreção de 37,6 dias sido registado por Kapperud *etal.* (1992).

Existem algumas doenças de início tardio devidas à infeção por *Campylobacter* que incluem a artrite reactiva e a síndrome de Guillain-Barré. Um estudo analisado em 29 doentes infectados com *Campylobacter* mostrou que o intervalo entre o início dos sintomas intestinais e o aparecimento de dor e inchaço das articulações variava entre 3 dias e 6 semanas (Peterson, 1994).

Os doentes com síndroma de Gullain-Barré (GBS) apresentaram frequentemente doença intestinal antes do início dos sintomas e *o Campylobacter* está a ser reconhecido como o agente etiológico mais frequente identificado relacionado com o GBS (Mishu e Blaser, 1993; Mishu-Allos *etal.*, 1998).

A infeção por *Campylobacter* geralmente não requer tratamento específico, à exceção do líquido de reidratação oral para repor os electrólitos perdidos através da diarreia e dos vómitos (Blaser e Engberg, 2008). Verificou-se que a prescrição de antibióticos encurta a doença *por Campylobacter* e que não foi detectada *Campylobacter* nas fezes, desde que a estirpe infetante fosse suscetível aos antibióticos (Dryden *etal.*, 1996; Goodman *etal.*, 1980).

6.1 Importância da carne de aves de capoeira como fonte de *Campylobacter*

Desde a descoberta de *Campylobacter* como agente patogénico de origem alimentar, o consumo e a manipulação de aves de capoeira foram reconhecidos como uma das principais fontes de campilobacteriose humana. Estudos epidemiológicos confirmaram a existência de uma correlação significativa entre a carne de aves de capoeira e a ocorrência de infecções por *Campylobacter* (Butzler e Oosterom, 1991; Shane, 1992). *O Campylobacter* não só contamina a superfície do frango, como também foi registada a contaminação dos tecidos profundos (Luber e Bartelt, 2007; Scherer *et al.*, 2006). Verificou-se que uma fração de 22% das pernas de frango albergava *Campylobacter* nos tecidos profundos junto ao osso e que os níveis de contaminação *por Campylobacter* à superfície eram, em média, de 250 ufc por grama de pele de perna de frango (Luber e Bartelt, 2007). Noutro estudo, 20% das carnes de peito apresentaram contaminação interna de *Campylobacter* e os níveis de contaminação à superfície foram de 2500 ufc por grama. Ambos os estudos registaram observações semelhantes no que diz respeito ao facto de a contaminação dos tecidos profundos ser inferior ao nível de contaminação da superfície. Considerou-se que a contaminação cruzada era o fator de risco de uma maior contaminação da superfície (Scherer *et al.*, 2006).

Um estudo concluiu que a campilobacteriose no homem diminui paralelamente à diminuição da produção de frangos. O estudo revelou uma redução de 30% na infeção humana *por Campylobacter* após a retirada do mercado, durante vários meses, das aves de capoeira produzidas localmente devido à contaminação por dioxinas (Vellinga e Van Loock, 2002). A descoberta confirmou que as aves de capoeira são a fonte mais importante de infeção por Campylobacter no ser humano e que o controlo de Campylobacter nas aves de capoeira reduzirá os casos de campilobacteriose.

6.2 Suscetibilidade *de Campylobacter* aos antibióticos

Os Campylobacter são intrinsecamente resistentes a alguns antibióticos, como a polimixina, a bacitracina, a cefoperazona, a ciclohexímida, a novobiocina, a rifampicina, o estreptograma B, a trimetoprima, a vancomicina e a cefalotina (Corry eta/., 1995; Taylor e Courvalin, 1988).

O grupo de antibióticos macrólidos, como a eritromicina, é geralmente prescrito como o antibiótico de primeira linha para o tratamento da infeção por *Campylobacter* no homem (Engberg *et al.,* 2001; Gibreel e Taylor, 2006). Sabe-se que é eficaz contra C. *jejuni* e é classificado como um antibiótico clinicamente seguro (Engberg *etal.,* 2001; Gibreel e Taylor, 2006). No entanto, a resistência *de Campylobacter* à eritromicina e a outros macrólidos está a aumentar (Engberg *et al.,* 2001; Gibreel e Taylor, 2006). Um estudo demonstrou experimentalmente que a dose terapêutica de tilosina (um macrólido) para o tratamento de frangos infectados com *Campylobacter* não selecionou *Campylobacter* resistente à eritromicina, *mesmo* após três ciclos de tratamento. No entanto, os frangos alimentados com tilosina administrada numa dose que promove o crescimento apresentaram uma estirpe de *Campylobacter* resistente aos macrólidos (Lin et al, 2007). Assim, pensou-se que o aparecimento de *Campylobacter* resistente aos macrólidos se devia ao abuso da utilização de antibióticos na criação de frangos.

As fluoroquinolonas são uma classe de compostos antibióticos sintéticos com uma atividade bactericida altamente potente e de largo espetro (Appelbaum e Hunter, 2000; Hooper, 1998). As propriedades dos antibióticos de fluoroquinolona, que incluem uma atividade antimicrobiana de largo espetro, segurança e facilidade de administração, fizeram com que se tornassem os antibióticos mais valiosos disponíveis para as infecções humanas. Exemplos de antibióticos de fluoroquinolona incluem a ciprofloxacina, a enrofloxacina e a levofloxacina, que são habitualmente administrados para o tratamento de infecções bacterianas (Appelbaum e Hunter, 2000). As bactérias resistentes às fluoroquinolonas têm mostrado uma tendência crescente (Bachoual *etal.*, 2001; Ge *etal.*, 2003; Gupta *etal.*, 2004), embora os ensaios clínicos iniciais tenham sido bem sucedidos no tratamento de doentes com infecções por *Campylobacter* (Wistrom e Norrby, 1995).

Outro antibiótico de largo espetro, as tetraciclinas, é amplamente utilizado na medicina humana e animal (Chopra e Roberts, 2001). Estudos sugeriram que a elevada prevalência de isolados de C. *jejuni* do homem eram resistentes à tetraciclina, o que pode dever-se à utilização da tetraciclina em medicina veterinária para fins terapêuticos, profilácticos e de promoção do crescimento (Lee *et al,* 1994; McEwen e Fedorka-Cray, 2002). Outros estudos relacionados com a *E. coli* referiram que a inclusão de tetraciclina nos alimentos para animais foi considerada a causa do aparecimento de estirpes de E. *coli* resistentes à tetraciclina (Levy *etal.,* 1976; Levy 1978).

A resistência múltipla aos antibióticos foi observada em *Campylobacter*, tendo Hoge *et al* (1998) referido que os isolados de C. *jejuni* da Tailândia são resistentes a diferentes tipos de antibióticos e que existe uma co-resistência de 100% entre macrólidos (azitromicina) e fluoroquinolonas (ciprofloxacina). Os resultados estão em conformidade com outros estudos que também registaram que *Campylobacter* apresenta resistência múltipla a antibióticos (Chai *et al.,* 2008a; Li *etal.,* 1998; Saleha, 2002).

6.3 Controlos e prevenção

Um estudo sugeriu que é possível criar frangos *sem Campylobacter* sob procedimentos higiénicos muito rigorosos (Skovgaard, 1994). O fornecimento de água potável tratada (Kapperud *et al.,* 1993) e a imersão das botas (Humphrey *et al.,* 1993) nos galinheiros podem atrasar ou impedir a colonização das galinhas com C. *jejuni.*

As medidas higiénicas que devem ser praticadas pelos agricultores para criar frangos *sem Campylobacter* incluem (Skovgaard, 1994):

1. Conceção e construção corretas de instalações para frangos de carne
2. O galinheiro deve ser do tipo fechado (à prova de roedores e aves voadoras, bem como protegido contra a entrada de moscas)
3. Limpeza, desinfeção e secagem eficazes das casas vazias antes do reabastecimento

4. Fumigação das instalações após o espalhamento do material de cama antes da introdução dos pintos
5. Utilização de alimentos peletizados
6. Utilização de água tratada ou desinfectada
7. Práticas de higiene por parte do pessoal da exploração, como a lavagem das mãos, botas limpas com imersão em desinfetante antes de entrar no galinheiro e utilização de vestuário de proteção.

A maioria dos aviários modernos proporciona um ambiente fechado com entradas restritas protegidas por barreiras, a fim de garantir um certo nível de biossegurança (Wagenaar *et aL*, 2008). As violações da biossegurança podem ocorrer quando o pessoal de produção entra diariamente no aviário. Outras pessoas, como os trabalhadores da manutenção e os visitantes, também quebram esta barreira. Assim, o risco de infeção aumenta com o número de pessoas envolvidas (Refregier-Petton *et aL*, 2001). Embora um ambiente fechado possa evitar a colonização de *Campylobacter* em frangos, a contaminação de *Campylobacter* em frangos continua a ocorrer em matadouros e pontos de venda a retalho. Pensa-se que isto é causado pela contaminação cruzada que ocorre nos matadouros e nos pontos de venda a retalho (Tang et aL, 2010c).

Verificou-se que o método de exclusão competitiva (EC) para reduzir os agentes patogénicos nas galinhas é eficaz contra a colonização de *Salmonella* no trato gastrointestinal das galinhas, mas a sua eficácia é imprevisível e inconsistente no controlo de *Campylobacter* (Wagenaar *etaL*, 2008). Alguns estudos mostraram que a aplicação de CE ajuda a reduzir a colonização de *Campylobacter* (Hakkinen e Schneitz, 1999; Mead *et aL*, 1996), enquanto outros estudos descobriram que agentes semelhantes que são eficazes contra *Salmonella* não têm efeito contra *Campylobacter* (Aho *et aL*, 1992). Um estudo sugeriu que a *Campylobacter* ocupa um nicho ecológico único, diferente do da *Salmonella* (Beery *et al*, 1988).

A vacinação contra *Campylobacter* em frangos de carne é outra abordagem que ainda não foi desenvolvida (Wagenaar *et aL*, 2008). Estudos revelaram que as galinhas colonizadas por *Campylobacter* induziram respostas humorais sistémicas e nas mucosas (*Cawthrawetal.*, 1994; Widders *etal.*, 1996). A flagelina é o primeiro antigénio visado pelos anticorpos, seguido de outros antigénios (Cawthraw *et al.*, 1994; Rice *et al.*, 1997). Os estudos também descobriram que o nível de colonização *por Campylobacter* diminui quando há um aumento de anticorpos (Cawthraw *et al.*, 1994; Rice *et al.*, 1997). Estas observações sugerem que os anticorpos têm um carácter protetor contra as infecções por *C. jejuni* (Cawthraw *et al.*, 1994; Rice *et al.*, 1997).

6.4 Produção avícola e vigilância de agentes patogénicos na Malásia

A carne de aves de capoeira é considerada a principal fonte de proteínas na Malásia. A Figura 6.1 mostra que o consumo de carnes de aves de capoeira pelos malaios aumentou de forma constante, passando de 594 560 toneladas métricas no ano de 1999 para 953 360 toneladas métricas no ano de 2008 (Department of Veterinary Services, 2010a). De acordo com a Figura 6.2, a produção de carnes de aves de capoeira também aumentou paralelamente ao aumento do consumo de carnes de aves de capoeira, de 690 040 toneladas métricas no ano de 1999 para 1,162 milhões de toneladas métricas no ano de 2008 (Departamento de Serviços Veterinários, 2010b).

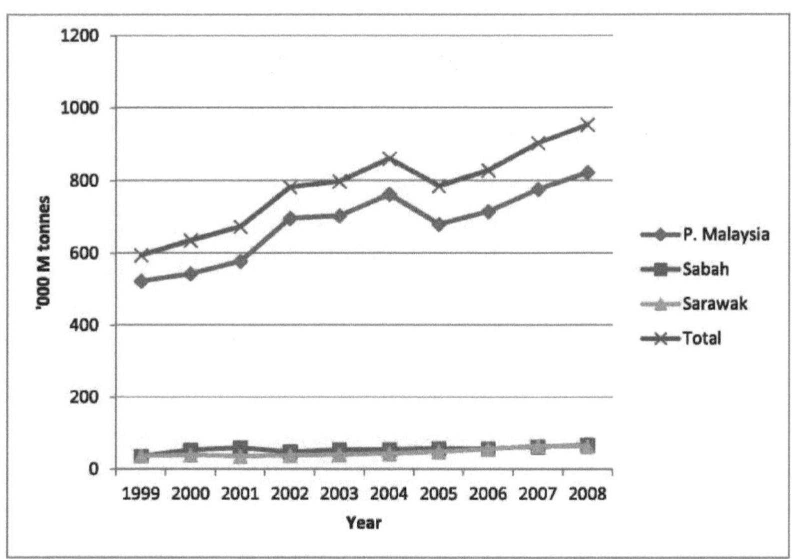

Figura 6.1 Consumo de carnes de aves de capoeira de 1999 a 2008.

(Adaptado de Department of Veterinary Services, 2010a)

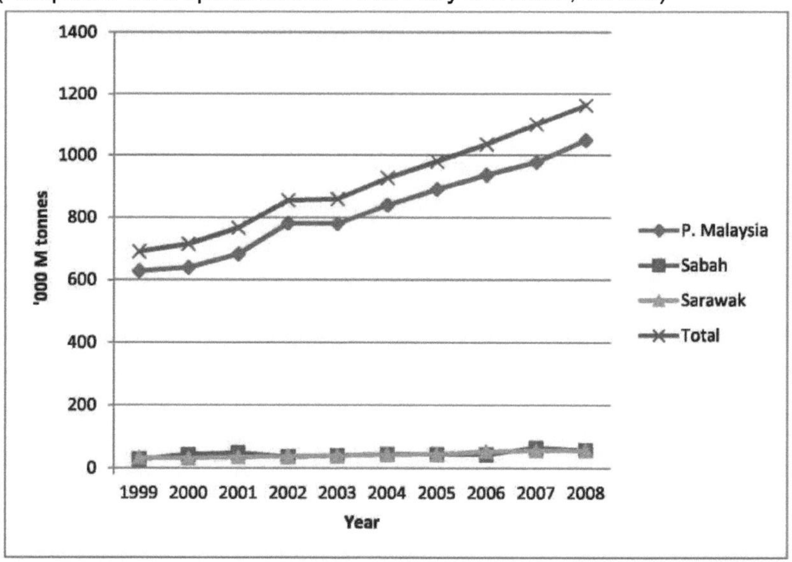

Figura 6.2 Produção de carnes de aves de capoeira de 1999 a 2008.

(Adaptado de Department of Veterinary Services, 2010a)

A vigilância de rotina de agentes patogénicos efectuada em aves de capoeira pelo governo da Malásia inclui a gripe aviária altamente patogénica

(GAAP), a doença de New Castle, Salmonella e Enterococos resistentes à vancomicina (ERV) (Departamento de Serviços Veterinários, 2010c). Foi comunicada a ocorrência de *Campylobacter* nas aves de capoeira da Malásia na exploração, no matadouro e nos pontos de venda a retalho (Tang *etal.*, 2010c).

CAPÍTULO 7

Bibliografia

Abeyta, C., Deeter, F.G., Kaysner, C.A., Stott, R.F., e Wekell, M.M. (1993). *Campylobacter jejuni* num viveiro de marisco do Estado de Washington associado a doença. *Jornal de Proteção Alimentar* 56: 323-325.

Abram, D.D., e Potter, N.N. (1984). Sobrevivência de *Campylobacter jejuni* a diferentes temperaturas em caldo de carne, carne de vaca, frango e bacalhau suplementado com cloreto de sódio. *Journal of Food Protection* A7\ 795-800.

Aho, M., Nuotio, L., Nurmi, E., e Kiiskinen, T. (1992). Exclusão competitiva de *Campylobacter* de aves de capoeira com K-bactérias e Broilact. *International Journal of Food Microbiology* 15: 265-275.

Aiderton, M.R., Korolik, V., Coloe, P., Dewhirst, F.E., e Paster, B.J. (1995). *Campylobacter hyoilei* sp. Nov., associado a enterite proliferativa suína. *International Journal of Systemic Bacteriology* 45: 61-66.

Allmann, M., Hofelein, C., Koppel, E., Luthy, J., Meyer, R., Niederhauser, C., Wegmuller, B., e Candrian, U. (1995). Reação em cadeia da polimerase (PCR) para a deteção de microrganismos patogénicos na monitorização bacteriológica de produtos lácteos. *Investigação em Microbiologia* 146: 85-97.

Alios, B.M. (2001). Infecções *por Campylobacter jejuni*: atualização sobre questões e tendências emergentes. *Doenças Infecciosas Clínicas* 32: 1201-1206.

Altekruse, S.F., Stern, N.J., Fields, P.L, e Swerdlow, D.L. (1999). *Campylobacter jejuni* - um agente patogénico emergente de origem alimentar. *Doenças Infecciosas Emergentes* 5: 28-35.

Appelbaum, P.C., e Hunter, P.A. (2000). The fluoroquinolone antibacterials: past, present and future perspectives. *International Journal of Antimicrobial Agents* 16:5-15.

Ayling, R.D., Woodward, M.J., Evans, S., e Newell, D.G. (1996). Restriction fragment length polymorphism of polymerase chain reaction products applied to the differentiation of poultry Campylobacters for epidemiological investigatiors. *Research in Veterinary Science* 60: 168-172.

Bachmann, H.P., e Spahr, U. (1995). O destino de bactérias potencialmente patogénicas em queijos suíços duros e semiduros feitos de leite cru. *Journal of Dairy Science* 78: 476-483.

Bachoual, R., Ouabdesselam, S., Mory, F., Lascols, C., Soussy, C.J., e Tankovic, J. (2001). Alterações mutacionais simples ou duplas de *gyrA* associadas à resistência às fluoroquinolonas em *Campylobacter jejuni* e *Campylobacter coli*. *Microbial Drug Resistance* 7: 257-261.

Bacon, D.J., Alm, R.A., Burr, D.H., Hu, L., Kopecko, D.J., Ewing, C.P., Trust, T.J., e Guerry, P. (2000). Envolvimento de um plasmídeo na virulência de *Campylobacter jejuni*. *Infection and Immunity* 68:4384- 4390.

Bashor, M., Keener, K.M., Curtis, P.A., Sheldon, B.W., Kathariou, S., e Osborne, J. (2004). Effects of carcass washers on *Campylobacter* contamination in large broiler processing plants. *Poultry Science* 83: 1232-1239.

Beery, J.T., Hugdahl, M.B., e Doyle, M.P. (1988). Colonização do trato gastrointestinal de pintos por *Campylobacter jejuni*. *Applied and Environmental Microbiology* 54: 2365-2370.

Berndtson, E., Tivemo, M., e Engvall, A. (1992). Distribuição e números de *Campylobacter* em frangos e galinhas recém-abatidos. *International*

Journal of Food Microbiology 15: 45-50.

Berrang, M.E., e Dickens, J.A. (2000). Presença e nível de *Campylobacter* spp. em carcaças de frangos de corte em toda a fábrica de processamento. *Journal of Applied Poultry Research* 9: 43-47.

Beumer, R.R., Cruysen, J.J., e Birtantie, LR. (1988). A ocorrência de *Campylobacter jejuni* em leite de vaca cru. *Journal of Applied Bacteriology* 65: 93- 96.

Beumer, R.R., deVries, J., e Rombouts, F.M. (1992). Células cocóides não cultiváveis *de Campylobacter jejuni. Jornal Internacional de Microbiologia Alimentar* 15: 153-163.

Bhaduri, S., e Cottrell, B. (2004). Survival of cold-stressed *Campylobacter jejuni* on ground chicken and chicken skin during frozen storage. *Applied and Environmental Microbiology* 70: 7103- 7109.

Bjorkroth, J. (2005). Microbiological ecology of marinated meat products. *Meat Science* 70: 477-480.

Black, R.E., Levine, M.M., Clements, M.L., Hughes, T.P., e Blaser, M.J. (1988). Infeção experimental *por Campylobacter jejuni* em humanos. *Journal of Infectious Diseases* 157: 472-479.

Blankenship, L.C., e Craven, S.E. (1982). *Campylobacter jejuni* em frango moído e pele de frango durante o armazenamento congelado. *Applied and Environmental Microbiology* 70: 7103-7109.

Blaser, M. (1997). Caraterísticas epidemiológicas e clínicas da infeção por *Campylobacter jejuni. Journal of Infectious Diseases* 176: S103-105).

Blaser, M.J., e Engberg, J. (2008). Aspeto clínico das infecções por *Campylobacter jejuni* e *Campylobacter coli*. Em I. Nachamkin, C.M.

Szymanski, e M.J. Blaser. *Campylobacter* (pp. 99-121). Washington D.C.: American Society for Microbiology Press.

Blaser, M.J., Hardesty, H.L., Powers, B., e Wang, W.L. (1980). Survival of *Campylobacter fetus* subsp. *jejuni* in biological milieus. *Journal of Clinical Microbiology* 11: 309-313.

Blaser, M.J., Taylor, D.N., e Feldman, R.A. (1983). Epidemiologia das infecções por *Campylobacter jejuni*. *Epidemiologic Reviews* 5:157-176.

Boucher, S.N., Slater, E.R., Chamberlain, A.H., e Adams, M.R. (1994). Produção e viabilidade de formas cocóides de *Campylobacter jejuni*. *Journal of Applied Bacteriology* 77: 303-307.

Broman, T., Palmgren, H., Bergstrom, S., Sellin, M., Waldenstrom, J., Danielsson-Tham, M.L., e Olsen, B. (2002). *Campylobacter jejuni* in black-headed gulls (Larus ridibundus): prevalence, genotypes, and influence on C. *jejuni* epidemiology. *Journal of Clinical Microbiology* 40: 4594-4602.

Busato, A., Hofer, D., Lentze, T., gaillard, C., e Burnens, A. (1999). Prevalência e riscos de infeção de bactérias enteropatogénicas zoonóticas em explorações suíças de criação de bovinos. *Veterinary Microbiology* 69: 251-263.

Butzler, J.-P., e Oosterom, J. (1991). *Campylobacter,* patogenicidade e importância nos alimentos. *Jornal Internacional de Microbiologia Alimentar* 12: 1-8.

Byrd, J.A., Corner, D.E., Hume, M.E., Bailey, R.H., Stanker, L.H., e Hargis, B.M. (1998). Effect of feed withdrawal on *Campylobacter* in the crops of market-age broiler chickens. *Avian Diseases* 42: 802- 806.

Campbell, D. F., Johnston, R. W., Campbell, G. S., McClain, D., e Macaluso,

J. F. (1983). The microbiology of raw, eviscerated chickens: a ten year comparison (A microbiologia de frangos crus e eviscerados: uma comparação de dez anos). *Poultry Science* 81: 414-421.

Cappelier, J.M., Magras, C., Jouve, J.L., e Federighi, M. (1999a). Recuperação de células viáveis mas não cultiváveis *de Campylobacter jejuni* em dois modelos animais. *Food Microbiology* 16: 375-383.

Cappelier, J.M., Minet, J., Magras, C., Colwell, R.R., e Federighi, M. (1999b). Recuperação em ovos embrionados de células *de Campylobacter jejuni* viáveis mas não cultiváveis e manutenção da capacidade de aderir a células HeLa após ressuscitação. *Applied and Environmental Microbiology* 65:5154-5157.

Cawthraw, S., Ayling, R., Nuijten, P., Wassenaar, T., e Newell, D.G. (1994). Isotype, specificity, and kinetics of systemic and mucosal antibodies to *Campylobacter jejuni* antigens, including flagellin, during experimental oral infections of chickens. *Avian Diseases* 38: 341-349.

Chai, L.C., Ghazali, F.M., Bakar, F.M., Lee, H.Y., Suhaimi, L.R.A., Talib, S.A., Nakaguchi, Y., Nishibuchi, M., e Radu, S. (2009). Ocorrência de contaminação por *Campylobacter* spp. termofílico em explorações hortícolas na Malásia. *Jornal de Microbiologia e Biotecnologia* 19: 1415-1420.

Chai, L.C., Lee, H.Y., Mohd Ghazali, F., Fatimah, A.B., Malakar, P.K., Nishibuchi, M., Nakaguchi, Y., e Radu, S. (2008b). Simulação da contaminação cruzada e descontaminação de *Campylobacter jejuni* durante o manuseamento de vegetais crus contaminados numa cozinha doméstica. *Jornal de Proteção Alimentar* 71: 2448-2452.

Chai, L.C., Robin, T., Ragavan, U.M., Gunsalam, J.W., Bakar, F.A., Ghazali, F.M., Radu, S., e Kumar, M.P. (2007). *Campylobacter* spp. termofílico em saladas de legumes na Malásia. *Jornal Internacional de Microbiologia*

Alimentar 117:106-111.

Chopra, I., e Roberts, M. (2001). Tetracycline antibiotics: mode of action, applications, molecular biology, and epidemiology of bacterial resistance (Antibióticos de tetraciclina: modo de ação, aplicações, biologia molecular e epidemiologia da resistência bacteriana). *Microbiology and Molecular Biology Reviews* 65: 232-260.

Cochran, W. (1950). Estimation of Bacterial Densities by Means of the "Most Probable Number" [Estimativa de densidades bacterianas por meio do "número mais provável"]. *Biometria* 6: 105-116.

Cogan, T.A., Bloomfield, S.F., e Humphrey, T.J. (1999). The effectiveness of hygiene procedures for prevention of crosscontamination from chicken carcasses in the domestic kitchen. *Letters in Applied Microbiology* 29: 354-358.

Cogan, T.A., Slader, J., Bloomfield, S.F., e Humphrey, T.J. (2002). Achieving hygiene in the domestic kitchen: the effectiveness of commonly used cleaning procedures (Conseguir a higiene na cozinha doméstica: a eficácia dos procedimentos de limpeza habitualmente utilizados). *Journal of Applied Microbiology* 92: 885-892.

Corry, J.E.L., Post, D.E., Colin, P., e Laisney, M.J. (1995). Meios de cultura para o isolamento de Campylobacters. *Jornal Internacional de Microbiologia Alimentar* 26: 43-76.

Cuk, Z., Annan-Prah, A., Jane, M., e Zajc-Satler, J. (1987). Iogurte: uma fonte improvável de *Campylobacter jejuni/coli. Journal of Applied Bacteriology* 63: 201-205.

deVries, J.J.C., Arents, N.L.A., e Manson, W.L. (2008). Espécies *de Campylobacter* isoladas de abcessos extra-oro-intestinais: um relatório de quatro casos e revisão da literatura. *Jornal Europeu de Microbiologia Clínica e Doenças Infecciosas TT.* 1119-1123.

Debruyne, L., Gevers, D. e Vandamme, P. (2008). Taxonomia da família *Campylobacteraceae.* Em I. Nachamkin, C.M. Szymanski, e M.J. Blaser. *Campylobacter* (pp. 3-25). Washington D.C.: American Society for Microbiology Press.

Departamento de Serviços Veterinários (DVS), Ministério da Agricultura e da Agro-Indústria (MOA) (2010a). Malásia: Consumo de produtos de origem animal, 1999-2008. Obtido em 10 de março de 2010, de http://www.dvs.gov.my/c/document_library/get_file?uuid=e3532ec4 - 9cdf-45a2-b3f2-2d8e75b600c1 &groupId=28711

Departamento de Serviços Veterinários (DVS), Ministério da Agricultura e da Agro-Indústria (MOA) (2010b). Malásia: Output of livestock products, 1999-2008. Obtido em 10 de março de 2010, de http://www.dvs.gov.my/c/document_library/get_file?uuid=149a4aef-99dd-4367-a10d-0e04c710d4cf&groupId=28711

Departamento de Serviços Veterinários (DVS), Ministério da Agricultura e da Agro-Indústria (MOA) (2010c). Plano de amostragem das doenças das galinhas. Obtido em 10 de março de 2010c em http://www.dvs.gov.my/c/document_library/get_file?uuid=d64950bb - da90-43d1-adbc-b894406529d1&groupId=28711

Donnison, A. *Isolation of Thermophilic Campylobacter- Review and Methods for New Zealand Laboratories (Isolamento de Campylobacter termofílico - revisão e métodos para laboratórios da Nova Zelândia).* Relatório de cliente preparado para o Ministério da Saúde da Nova Zelândia. (maio de 2003).

Doyle, M.P. e Roman, D.J. (1982a). Resposta de *Campylobacter jejuni* ao cloreto de sódio. *Applied and Environmental Microbiology* 43: 561-565.

Doyle, M.P., e Roman, D.J. (1982b). Prevalência e sobrevivência de *Campylobacter jejuni* em leite não pasteurizado. *Applied and Environmental Microbiology* 51: 449-450.

Doyle, M.P., e Schoeni, J.L. (1986). Isolamento de *Campylobacter jejuni* de cogumelos vendidos a retalho. *Applied and Environmental Microbiology* 51: 449-450.

Dryden, M.S., Gabb, R.J., e Wright, S.K. (1996). Tratamento empírico da gastroenterite aguda grave adquirida na comunidade com ciprofloxacina. *Clinical Infectious Disease* 22: 1019-1025.

Dykes, G.A., e Moorhead, S.M. (2001). Survival of *Campylobacerjejuni* on vacuum or carbon dioxide packaged primal beef cuts stored at - 1.5°C. *Food Control* 12: 553-557.

Engberg, J., Asrestrup, F.M., Taylor, D.E., Gerner-Smidt, P., e Nachamkin, I. (2001). Quinolone and macrolide resistance in *Campylobacter jejuni* and C. *coli:* resistance mechanisms and trends in human isolates. *Doenças Infecciosas Emergentes* 7: 24-34.

Evans, S.J., e Sayers, A.R. (2000). A longitudinal study of *Campylobacter* infection of broiler flocks in Great Britain (Um estudo longitudinal da infeção por *Campylobacter* em bandos de frangos na Grã-Bretanha). *Preventive Veterinary Medicine* 46: 209-223.

Eyers, M., Chapelle, S., Van Camp, G., Goossens, H., e De Wachter, R. (1993). Discriminação entre espécies de *Campylobacter* termotolerantes através da amplificação de fragmentos do gene 23S rRNA por reação em cadeia da polimerase. *Journal of Clinical Microbiology* 31: 3340-3343.

Fahey, T., Morgan, D., Gunneburg, C., Adak, G.K., Majid, F., e Kaczmarski, E. (1995). Um surto de enterite *por Campylobacter jejuni* associado a uma pasteurização de leite falhada. *Journal of Infection* 31: 137-143.

Fermer, C., e Engvall, E.O. (1999). Identificação e diferenciação específicas por PCR de Campylobacters termotolerantes, *Campylobacter jejuni, C. coli, C. lari* e *C. upsaliensis. Journal of Clinical Microbiology* 37: 3370-3376.

Fernandez, H., e Pison, V. (1996). Isolamento de espécies termotolerantes de *Campylobacter* a partir de fígados de frango comercial. *International Journal of Food Microbiology* 29: 75-80.

Fields, P.L, e Swerdlow, M.D. (1999). *Campylobacter jejuni. Clinical Laboratory Medical* 19: 489-504.

Food Drug Association (FDA). (2001). Manual de Análise Bacteriológica da FDA. Capítulo 7, Campylobacter. Disponível em: http://www.fda.gov/Food/ScienceResearch/LaboratoryMethods/Bac teriologicalAnalyticalManualBAM/ucm072616.htm

Forsythe, S.J. (2000) Food poisoning microorganisms. Em S.J. Forsythe. *The Microbiology of Safe Food (A Microbiologia dos Alimentos Seguros)* (pp. 87-148). Abingdon: Blackwell Science Publishers.

Gallay, A., De Valk, H., Cournot, M., Ladeuil, B., Hemery, C., Castor, C., Bon, F., Megraud, F., Le Cann, P., e Desenclos, J.C. em nome da Equipa de Investigação de Surtos. (2006). Um grande surto comunitário multipatogénico transmitido pela água ligado à contaminação fecal de um sistema de águas subterrâneas, França, 2000. *Clinical Microbiology and Infection* 12: 561-570.

Ge, B., White, D.G., McDermott, P.F., Girard, W., Zhao, S., Hubert, S., e Meng, J. (2003). Espécies *de Campylobacter* resistentes a antimicrobianos provenientes de carnes cruas de retalho. *Applied and Environmental Microbiology* 69: 3005-3007.

Gibreel, A., e Taylor, D.E. (2006). Resistência aos macrólidos em

Campylobacter jejuni e *Campylobacter coli. The Journal of Antimicrobial Chemotherapy* 58: 243-255.

Gill, C.O., e Harris, L.M. (1983). Condições limitantes de temperatura e pH para o crescimento de Campylobacters termofílicos em meios sólidos. *Journal of Food Protection* 46: 767-768.

Gonzalez, I., Grant, K.A., Richardson, P.T., Park, S.F., e Collins, M.D. (1997). Identificação específica dos entheropatogénios *Campylobacter jejuni* e *Campylobacter coli* utilizando um teste PCR baseado no gene *ceuE* que codifica um determinante de virulência putativo. *Journal of Clinical Microbiology* 35: 759-763.

Goodman, M.J., Pearson, K.W., McGhie, D., Dutt, S., e Deodhar, S.G. (1980). *Campylobacter* e *Giardia lamblia* causando exacerbação da doença inflamatória intestinal. *Lancet* ii: 1247.

Gorman, R., Bloomfield, S., e Adley, C.C. (2002). Um estudo da contaminação cruzada de agentes patogénicos de origem alimentar na cozinha doméstica na República da Irlanda. *Jornal Internacional de Microbiologia Alimentar* 76: 143-150.

Gregory, E., Barnhart, H., Dreesen, D.W., Stern, N.J., e Corn, J.L. (1997). Estudo epidemiológico de *Campylobacter* spp. em frangos de corte: Fonte, tempo de colonização e prevalência. *Avian Diseases* 41: 890-898.

Griffith, C.J., e Redmond, E.C. (2005). Manuseamento de aves de capoeira e ovos na cozinha. Em G.C. Mead. *Food safety control in the poultry industry* (pp. 524-543). Inglaterra: Woodhead Publishing Limited.

Gupta, A., Nelson, J.M., Barrett, T.J., Tauxe, R.V., Rossiter, S.P., Friedman, C.R., Joyce, K.W., Smith, K.E., Jones, T.F., Hawkins,

M.A., Shiferaw, B., Beebe, J.L., Vugia, D.J., Rabatsky-Ehr, T., Benson,

J.A., Root, T.P., e Angulo, F.J. (2004). Resistência antimicrobiana entre estirpes *de Campylobacter*, Estados Unidos, 1997-2001. *Doenças Infecciosas Emergentes* 10: 1102-1109.

Hakkinen, M., e Schneitz, C. (1999). Eficácia de um produto comercial de exclusão competitiva contra *Campylobacter jejuni. British Poultry Science* 40: 619-621.

Hanninen, M.L., Haajanen, H., Pummi, T., Wermundsen, K., Katila, M.L., Sarkkinen, H., Miettinen, L, e Rautelin, H. (2003). Deteção e tipagem de *Campylobacter jejuni* e *Campylobacter coli* e análise de organismos indicadores em três surtos transmitidos pela água na Finlândia. *Applied and Environmental Microbiology* 73: 3232-3238.

Hanninen, M.L., Korkeala, H., e Pakkala, P. (1984). Effect of various gas atmospheres on the growth and survival of Campylobacter jejuni on beef. *Journal of Applied Bacteriology 57*: 89-94.

Harvey, S.M. (1980). Hippurate hydrolysis by *Campylobacter fetus. Journal of Clinical Microbiology* 11: 435-437.

Hazeleger, W.C., Janse, J.D., Koenraad, P.M., Beumer, R.R., Rombouts, F.M., e Abee, T. (1995). Alterações dos ácidos gordos da membrana e da fisiologia celular dependentes da temperatura em formas cocóides de *Campylobacter jejuni. Applied and Environmental Microbiology* 61: 2713-2719.

Hazeleger, W.C., Wouters, J.A., Rombouts, F.M., e Abee, T. (1998). Atividade fisiológica de *Campylobacter jejuni* muito abaixo da temperatura mínima de crescimento. *Applied and Environmental Microbiology* 67: 1581-1586.

Hoge, C.W., Gambel, J.M., Srijan, C., Pitarangsi, C., e Echeverria, P. (1998). Tendências da resistência aos antibióticos entre os agentes patogénicos diarreicos isolados na Tailândia ao longo de 15 anos. *Doenças Infecciosas Clínicas* 26: 341-345.

Hooper, D.C. (1998). Clinical applications of quinolones. *Biochimica et Biophysica Ata (BBA) - Gene Structure and Expression* 1400: 45- 61.

Hudson, S.J., Lightfoot, N.F., Coulson, J.C., Russell, K., Sisson, P.R., e Sobo, A.O. (1991). Jackdaws and magpies as vectors of milkborne human *Campylobacter* infection. *Epidemiology and Infection* 107: 363-372.

Humphrey, T.J., e Beckett, P. (1987). *Campylobacter Jejuni* em vacas leiteiras e leite cru. *Epidemiologia e Infeção* 98: 263-269.

Humphrey, T.J., Henley, A., e Lanning, D.G. (1993). The colonization of broiler chickens with *Campylobacter jejunf.* some epidemiological investigations. *Epidemiologia e Infeção* 110: 601-607.

Humphrey, T.J., Martin, K.W., Slader, J., e Durham, K. (2001). *Campylobacter* spp. na cozinha: propagação e persistência. *Journal of Applied Microbiology* 90: 115S-120S.

150. (1995). Microbiologia dos géneros alimentícios e dos alimentos para animais - Método horizontal para a deteção de *Campylobacter* termotolerante. ISO 10272: 1995 (E) Organização Internacional de Normalização, Genebra.

Izat, A.L., Gardner, F.A., Denton, J.H., e Golan, F.A. (1988). Incidência e nível de *Campylobacter jejuni* no processamento de frangos de corte. *Poultry Science* 67: 1568-1572.

Jacobs-Reitsma, W.F. (2000). *Campylobacter* in the food supply. Em I. Nachamkin, e M.J. Blaser. *Campylobacter* (pp. 467-481). Washington D.C.: American Society for Microbiology Press.

Jones, D.M., Sutcliffe, E.M., e Curry, A. (1991). Recovery of viable but non-culturable *Campylobacter Jejuni*. *Journal of General Microbiology* 137: 2477-2482.

Jones, D.M., Sutcliffe, E.M., Rios, R., Fox, A.J., e Curry, A. (1993). *Campylobacter jejuni* adapta-se ao metabolismo aeróbico no ambiente. *Journal of Medical Microbiology* 38:145-150.

Jones, F.S., e Little, R.B. (1931a). The etiology of infectious diarrhea (winter scours) in cattle. *The Journal of Experimental Medicine* 53: 835-843.

Jones, F.S., e Little, R.B. (1931b). Vibrionic enteritis in calves. *The Journal of Experimental Medicine* 53: 845-851.

Jones, F.S., Orcutt, M., e Little, R.B. (1931). Vibrios *(Vibrio jejuni,* n. sp.) associados a perturbações intestinais de vacas e vitelos. *The Journal of Experimental Medicine* 53: 853-864.

Jorgensen, F., Bailey, R., Williams, S., Henderson, P., Wareing, D.R., e Bolton, F.J. (2002). Prevalência e número de *Salmonella* e *Campylobacter* spp. em frangos crus e inteiros em relação aos métodos de amostragem. *International Journal of Food Microbiology* 76: 151-164.

Kalman, M., Szollosi, E., Czermann, B., Zimanyi, M., e Szekeres, S. (2000). Infeção *por Campylobacter* transmitida pelo leite na Hungria. *Journal of Food Protection* 63: 1426-1429.

Kalmokoff, M., Lanthier, P., Tremblay, T.L., Foss, M., Lau, P.C., Sanders, G., Austin, J., Kelly, J., e Szymanski, C.M. (2006). A análise proteómica dos biofilmes *de Campylobacter jejuni* 11168 revela um papel para o complexo de motilidade na formação de biofilmes. *Journal of Bacteriology* 188: 4312-4320.

Kapperud, G., Skjerve, E., Bean, N.H., Ostroff, S.M., e Lassen, J. (1992). Risk factors for sporadic *Campylobacter* infections: results of a case-control study in southeastern Norway (Factores de risco para infecções esporádicas *por Campylobacter*: resultados de um estudo caso-controlo no sudeste da Noruega). *Journal of Clinical Microbiology* 30: 3117-3121.

Kapperud, G., Skjerve, E., Vik, L., Hauge, K., Lysaker, A., Aalmen, I., Osroff, S.M., e Potter, M. (1993). Epidemiological investigation of risk factors for *Campylobacter* colonization in Norwegian flocks. *Epidemiology and Infection* 111: 245-255.

Karmali, M.A. (1979). Enterite por Campylobacter. *CMA Journal* 120: 1525-1532.

Kelly, A.F., Martinez-Rodriguez, A., Bovill, R.A., e MacKey, B.M. (2003). Descrição de um fenómeno de fénix no crescimento de *Campylobacter jejuni* a temperaturas próximas do mínimo para o crescimento. *Applied and Environmental Microbiology* 69: 4975-4978.

Kelly, A.F., Park, S.F., Bovill, R., e Mackey, B.M. (2001). A sobrevivência de *Campylobacter jejuni* durante a fase estacionária: evidência da ausência de uma resposta fenotípica à fase estacionária em C. *jejuni. Applied and Environmental Microbiology* 67: 2248-2254.

Ketley, J.M. (1997). Patogénese da infeção entérica por *Campylobacter. Microbiologia* 143: 5-21.

King, E.O. (1962). O reconhecimento laboratorial de Vibrio fetus e de um Vibrio estreitamente relacionado isolado de casos de vibriose humana. *Annals of the New York Academy of Sciences* 98: 700-711.

Konkel, M.E., Kim, B.J., Klena, J.D., Young, C.R., e Ziprin, R. (1998). Characterisation of the thermal stress response of *Campylobacter jejuni. Infectious Immunology* 66: 3666-3672.

Kramer, J.M., Frost, J.A., Bolton, F.J., e Wareing, D.R. (2000). Contaminação *por Campylobacter* de carne crua e aves de capoeira na venda a retalho: identificação de vários tipos e comparação com isolados de infeção humana. *Journal of Food Protection* 61: 535-541.

Kumar, A., Argawal, R.K., Bhilekaonkar, K.N., Shome, B.R., e Bachhil, B.N. (2001). Ocorrência de *Campylobacter jejuni* em produtos hortícolas. *International Journal of Food Microbiology* 67: 153-155.

Kuusi, M., Nuorti, J.P., Hanninen, M.L., Koskela, M., Jussila, V., Kela, E., Miettinen, I., e Ruutu, P. (2005). Um grande surto de campilobacteriose associado a um abastecimento de água municipal na Finlândia. *Epidemiologia e Infeção* 133: 593-601.

Lastovica, A.J., e Skirrow, M.B. (2000). Clinical significance of *Campylobacter* and related species other than *Campylobacter jejuni* and *C. coli*. Em I. Nachamkin, e M.J. Blaser. *Campylobacter* (pp. 89-120). Washington D.C.: American Society for Microbiology Press.

Lee, A., Smith, S.C., e Coloe, P.J. (1998). Survival and growth of *Campylobacter jejuni* after artificial inoculation onto chicken skin as a function of temperature and packaging condition. *Journal of Food Protection* 61: 1609-1614.

Lee, C.Y., Tai, C.L., Lin, S.C., e Chen, Y.T. (1994). Ocorrência de plasmídeos e resistência à tetraciclina entre *Campylobacter jejuni* e *Campylobacter coli* isolados de frangos de mercado e amostras clínicas. *International Journal of Food Microbiology* 24:161- 170.

Lee, H.Y., Chai, L.C., Tang, S.Y., Jinap, S., Ghazali, F.M., Nakaguchi, Y., Nishibuchi, M., Son, R. (2009). Aplicação de MPN-PCR na biossegurança de *Bacillus cereus s.l.* para cereais prontos a consumir. *Food Control* 20: 1068-1071.

Levy, A.J. (1946). Um surto de gastroenterite provavelmente devido a uma estirpe bovina de Vibrio. *Yale Journal of Biology and Medicine* 18: 243-259.

Levy, S.B. (1978). Emergência de bactérias resistentes a antibióticos na flora intestinal de habitantes de quintas. *The Journal of Infectious Diseases* 137: 689-690.

Levy, S.B., FitzGerald, G.B., e Macone, A.B. (1976). Changes in intestinal flora of farm personnel after introduction of a tetracycline- supplemented feed on a farm. *The New England Journal of Medicine* 295: 583-588.

Lewerin, S.S., Boqvist, S., Engstrom, B., e Haggblom, P. (2005). O controlo eficaz de *Salmonella* nas aves de capoeira suecas. Em G.C. Mead. *Food safety control in the poultry industry* (pp. 195-215). Inglaterra: Woodhead Publishing Limited.

Li, C.C., Chiu, C.H., Wu, J.L., Huang, Y.C., e Lin, T.Y. (1998). Antimicrobial susceptibilities of *Campylobacter jejuni* and *coli* by using E-test in Taiwan. *Scandinavian Journal of Infectious Diseases* 30: 39-42.

Lin, J., Yan, M., Sahin, O., Pereira, S., Chang, Y.J., e Zhang, Q. (2007). Effect of macrolide usage on emergence of erythromycin-resistant *Campylobacter* isolates in chickens. *Antimicrobial Agents and Chemotherapy* 51:1678-1686.

Line, J.E. (2001). *Campylobacter* and *Salmonella* levels for poultry raised on litter. *Journal of Poultry Science* 81: 1473-1481.

Luber, P., e Bartelt, E. (2007). Enumeração de *Campylobacter* spp. na superfície e no interior de filetes de peito de frango. *Jornal de Microbiologia Aplicada* 102: 313-318.

Luber, P., Brynestad, S., Topsch, D., Scherer, K., e Bartelt, E. (2006).

Quantificação da contaminação cruzada de espécies de *Campylobacter* durante a manipulação de pedaços de frango fresco contaminado em cozinhas. *Applied and Environmental Microbiology* 72: 66-70.

Mattick, K., Durham, K., Domingue, G., Jorgensen, F., Sen, M., Schaffner, D.W., e Humphrey, T. (2003a). A sobrevivência de agentes patogénicos de origem alimentar durante a lavagem doméstica e subsequente transferência para esponjas de lavagem, superfícies de cozinha e alimentos. *International Journal of Food Microbiology* 85: 213-226.

Mattick, K., Durham, K., Hendrix, M., Slader, J., Griffith, C., Sen, M., e Humphrey, T. (2003b). The microbiological quality of washing-up water and the environmental in domestic and commercial kitchens (A qualidade microbiológica da água de lavagem e do ambiente em cozinhas domésticas e comerciais). *Journal of Applied Microbiology* 94: 842-848.

McEwen, S.A., e Fedorka-Cray, P.J. (2002). Antimicrobial use and resistance in animals (Utilização e resistência antimicrobiana em animais). *Clinical Infectious Diseases* 34(Supplement 3): S93-S106.

McMahon, M.A., e Wilson, LG. (2001). A ocorrência de agentes patogénicos entéricos e espécies de *Aeromonas* em vegetais biológicos. *Jornal Internacional de Microbiologia Alimentar* 70: 155-162.

Mead, G.C., Hudson, W.R., e Hinton, M.H. (1995). Effect of changes in processing to improve hygiene control on contamination of poultry carcasses with *Campylobacter*. *Epidemiology and Infection* 115: 495-500.

Mead, G.C., Scott, M.J., Humphrey, T.J., e McAlpine, K. (1996). Observações sobre o controlo da infeção por *Campylobacter jejuni* em aves de capoeira por "exclusão competitiva". *Avian Pathology* 25: 69-79.

Medema, G.J., Schets, F.M., van de Giessen, A.W., e Havelaar, A.H. (1992).

Falta de colonização de pintos de 1 dia de idade por *Campylobacter jejuni* viável e não cultivável. *Journal of Applied Bacteriology* 72: 512-516.

Mishu, B., e Blaser, M.J. (1993). Papel da infeção por *Campylobacter jejuni* no início da síndrome de Guillain-Barré. *Clinical Infectious Diseases* 17: 104-108.

Mishu-Allos, B., Lippy, F.T., Carlsen, A., Washburn, R.G., e Blaser, M.J. (1998). *Campylobacter jejuni* strains from patients with Guillain- Barre syndrome. *Doenças Infecciosas Emergentes* 4: 263-268.

Moore, J.E., e Madden, R.H. (1998). Ocorrência de *Campylobacter* spp. termofílicas em fígado de suíno na Irlanda do Norte. *Journal of Food Protection* 61: 409-413.

Moore, J.E., e Madden, R.H. (2000). O efeito do stress térmico em *Campylobacter coli. Journal of Applied Microbiology* 89: 892-899.

Moran, A.P., e Upton, M.E. (1987). Factores que afectam a produção de formas cocóides por *Campylobacter jejuni* em meios sólidos durante a incubação. *Journal of Applied Bacteriology* 62: 527-537.

Moran, E.T., e Bilgili, S.F. (1990). Influence of feeding and fasting broilers prior to marketing on cecal access of orally administered *Salmonella. Journal of Food Protection* 53: 205-207.

Morris, G.K., El Seerbeeny, M.R., Patton, C.M., Kodaka, H., Lombard, G.L., Edmonds, P., Hollis, D.G., e Brenner, D.J. (1985).

Comparação de quatro métodos de hidrólise do hipurato para identificação de *Campylobacter* spp. termofílicas. *Journal of Clinical Microbiology* 22: 714-718.

MSFFG. (2001). UK Publicly-Funded Research Relating to *Campylobacter.*

Relatório do Microbiological Safety of Food Funders Group (MFSSG), Food Standards Authority, 10 de setembro de 2001, 41 páginas.

Murphy, C., Carroll, C., e Jordan, K.N. (2003). Identificação de um novo mecanismo de resistência ao stress em *Campylobacter jejuni*. *Journal of Applied Microbiology* 95: 704-708.

Murphy, C., Carrol, C., e Jordan, K.N. (2006). Mecanismos de sobrevivência ambiental do agente patogénico de origem alimentar *Campylobacter jejuni*. *Journal of Applied Microbiology* 100: 623-632.

Nauta, M., van der Fels-Klerx, L, e Havelaar, A. (2005). Um modelo de processamento de aves de capoeira para avaliação quantitativa do risco microbiológico. *Risk Analysis* 25: 85-98.

Nielsen, E.M. (2002). Ocorrência e diversidade de estirpes de Campylobacters termófilos em bovinos de diferentes grupos etários em efectivos leiteiros. *Letters in Applied Microbiology* 35: 85-89.

Occhialini, A., Stonnet, V., Hua, J., Camou, C., Guesdon, J.L., e Megraud F. (1996). Identificação de estirpes de *Campylobacter jejuni* e *Campylobacter coli* por PCR e correlação com caraterísticas fenotípicas. Em D.G. Newell, J.M. Ketley, e R.A. Feldman. *Campylobacter, Helicobacters and Related Organisms* (pp. 217-219). Nova Iorque: Plenum Press.

Odumeru, J.A., Mitchell, S.J., Alves, D.M., Lunch, J.A., Yee, A.J.,Wang, S.L., Styliadis, S., e Farber, J.M. (1997). Avaliação da qualidade microbiológica de vegetais prontos a consumir para serviços alimentares de cuidados de saúde. *Journal of Food Protection* 60: 954-960.

On, S.L.W. (2005). Taxonomia, filogenia e métodos para a identificação de espécies de *Campylobacter*. Em J.M. Ketley, e M.E. KonkeL *Campylobacter: Molecular and cellular biology* (pp. 13-42). Reino Unido:

Horizon Bioscience.

On, S.L.W., Holmes, B., e Sackin, M. (1996). Uma matriz de probabilidade para a identificação de Campylobacters, helicobacters e taxa associados. *Journal of Applied Bacteriology* 81: 425-432.

Oosterom, J., de Wilde, G.J., de Boer, L., de Blaauw, L.H., e Karman, H. (1983). Survival of *Campylobacter jejuni* during poultry processing and pig slaughtering. *Journal of Food Protection* 46: 702- 706.

Porto, B., Esteban, J.I., Aduriz, G., Juste, R.A., e Hustado, A. (2007). Prevalência e diversidade de estirpes de Campylobacter termófilos em explorações de bovinos, ovinos e suínos. *Journal of Applied Microbiology* 103: 977-984.

Orr, K.E., Lightfoot, N.F., Sisson, P.R., Harkis, B.A., Tweddle, J.L., Boyd, P., Carroll, A., Jackson, C.J., Wareing, D.R.A., e Freeman, A. (1995). Excreção direta no leite de *Campylobacter jejuni* numa vaca leiteira que causa casos de enterite humana. *Epidemiologia e Infeção* 114: 15-24.

Owen, R.J., e Leaper, S. (1981). Differentiation betweem *Campylobacter jejuni* and thermophilic Campylobacter by hybridization of deoxyribonucleic acieds. *FEMS Microbiology Letters* 12: 395 -400.

Park, C.E., e Sanders, G.W. (1992). Ocorrência de Campylobacters termotolerantes em legumes frescos vendidos em mercados ao ar livre de agricultores e supermercados. *Canadian Journal of Microbiology* 38: 313-316.

Park, S.F. (2002). A fisiologia das espécies de *Campylobacter* e a sua relevância para o seu papel como agentes patogénicos de origem alimentar. *Jornal Internacional de Microbiologia Alimentar* 74: 177-188.

Park, S.F. (2005). *Campylobacter jejuni* stress response during survival in the food chain and colonization (Resposta ao stress de *Campylobacter jejuni* durante a sobrevivência na cadeia alimentar e colonização). Em J.M. Ketley, e M.E. Konkel. *Campylobacter: Molecular and cellular biology* (pp. 311-330). Reino Unido: Horizon Bioscience.

Parkhill, J., Wren, B.W., Mungall, K., Ketley, J.M., Churcher, C. e Basham, D. (2000). A sequência do genoma do agente patogénico de origem alimentar *Campylobacter jejuni* revela sequências hipervariáveis. *Nature* 403: 665-668.

Pearson, A.D., Greenwood, M.H., Feltham, R.K., Healing, T.D., Donaldson, J., Jones, D.M., e Colwell, R.R. (1996). Microbial ecology of *Campylobacter jejuni* in a United Kingdom chicken supply chain: intermittent common source, vertical transmission, and amplification by flock propagation. *Applied and Environmental Microbiology* 62: 4614-4620.

Pearson, A.D., Greenwood, M., Healing, T.D., Rollins, D., Shahamat, M., Donaldson, J., e Colwell, R.R. (1993). Colonização de frangos de carne por *Campylobacter jejuni* transportado pela água. *Applied and Environmental Microbiology* 59: 987-996.

Peterson, M.C. (1994). Aspectos clínicos das infecções por *Campylobacter jejuni* em adultos. *Western Journal of Medicine* 161: 148-152.

Peterson, M.C. (2003). Enterite *por Campylobacter jejuni* associada ao consumo de leite cru. *Journal of Environmental Health* 65: 20-21.

Ponniah, J., Robin, T., Paie, M.S., Radu, S., Ghazali, F.M., Kqueen, C.Y., Nishibuchi, M., Nakaguchi, Y., e Malakar, P.K. (2009). *Listeria monocytogenes* em saladas de legumes cruas vendidas a retalho na Malásia. *Food Control* 21: 774-778.

Purdy, D., Cawthraw, S., Dickinson, J.H., Newell, D.G., e Park, S.F. (1999). Generation of a superoxide dismutase (SOD) -deficient mutant of

Campylobacter coir, evidence for the significance of SOD in *Campylobacter* survival and colonization. *Applied and Environmental Microbiology* 65: 2540-2546.

Refregier-Petton, J., Rose, N., Denis, M., e Salvat, G. (2001). Factores de risco de contaminação por *Campylobacter* spp. em bandos de frangos de carne franceses no final do período de criação. *Medicina Veterinária Preventiva* 50: 89-100.

Rice, B.E., Rollins, D.M., Mallinson, E.T., Carr, L., e Joseph, S.W. (1997). *Campylobacter jejuni* em frangos de carne: colonização e imunidade humoral após vacinação oral e infeção experimental. *Vaccine* 15: 1922-1932.

Robinson, D.A. (1981). Dose infecciosa de *Campylobacter jejuni* no leite. *British Medical Journal (Clinical Research Ed.)* 282: 1584.

Robinson, D.A., Edgar, W.J., Gibson, G.L., Matchett, A.A., e Robertson, L. (1979). Enterite *por Campylobacter* associada ao consumo de leite não pasteurizado. *British Medical Journal* 1: 1171-1173.

Rollins, D.M., e Colwell, R.R. (1986). Fase viável mas não cultivável de *Campylobacter jejuni* e seu papel na sobrevivência no ambiente aquático natural. *Applied and Environmental Microbiology* 52: 531-538.

Rosenquist, H., Nielsen, N. L., Sommer, H. M., Norrungand, B., e Christensen, B. B. (2003). Quantitative risk assessment of human campylobacteriosisassociated with thermophilic *Campylobacter* species in chickens (Avaliação quantitativa do risco de campilobacteriose humana associada a espécies termofílicas *de Campylobacter* em frangos). *Jornal Internacional de Microbiologia Alimentar* 83: 87-103

Rosenquist, H., Sommer, H.M., Nielsen, N.L., e Christensen, B.B. (2006). O efeito das operações de abate na contaminação das carcaças de frango com *Campylobacter* termotolerante. *International Journal of Food*

Microbiology 108: 226-232.

Sagoo, S.K., Little, C.L., e Mitchell, R.T. (2001). The microbiological examination of ready-to-eat organic vegetables from retail establishments in the United Kingdom (Exame microbiológico de produtos hortícolas biológicos prontos a consumir provenientes de estabelecimentos retalhistas no Reino Unido). *Letters in Applied Microbiology* 33: 434-439.

Saha, S.K., Saha, S., e Sanyal, S.C. (1991). Recovery of injured *Campylobacter jejuni* cells after animal passage (Recuperação de células de *Campylobacter jejuni* feridas após passagem por animais). *Applied and Environmental Microbiology* 57: 3388-3389.

Saleha, A.A. (2002). Isolamento e caraterização de *Campylobacter jejuni* de frangos de carne na Malásia. *International Journal of Poultry Science* 1: 94-97.

Saleha, A.A. (2004). Estudo epidemiológico sobre a colonização de frangos com *Campylobacter* em explorações de frangos de carne na Malásia: possíveis factores de risco e de gestão. *International Journal of Poultry Science* 3: 129-134.

Sanchez, M.X., Fluckey, W.M., Brashears, M.M., e McKee, S.R. (2002). Microbial profile and antibiotic susceptibility of *Campylobacter* spp. and *Salmonella* spp. in broilers processed in air-chilled and immersion chilled environments. *Journal of Food Protection* 65: 948- 956.

Savill, M.G., Hudson, J.A., Ball, A., Klena, J.D., Scholes, P., Whyte, R.J., McCormick, R.E., e Jankovic, D. (2001). Enumeration of *Campylobacter* in New Zealand recreational and drinking waters. *Journal of Applied Microbiology* 91: 38-46.

Scherer, K., Bartelt, E., Sommerfeld, C., e Hildebrandt, G. (2006). Quantificação de *Campylobacter* na superfície e no músculo de pernas de frango no retalho. *Jornal de Proteção Alimentar* 69: 757-761.

Schildt, M., Savolainen, S., e Hanninen, M.L. (2006). Contaminação prolongada do leite por *Campylobacter jejuni* associada a doença gastrointestinal numa família de agricultores. *Epidemiologia e Infeção* 134: 401-405.

Shane, S.M. (1992). O significado da infeção por *Campylobacter jejuni* em aves de capoeira: uma revisão. *Avian Pathology* 21: 189-213.

Shanker, S., Lee, A., e Sorrell, T.C. (1990). Horizontal transmission of *Campylobacter jejuni* amongst broiler chicks: experimental studies. *Epidemiology and Infection* 104: 101-110.

Skirrow, M.B. (1994). Doenças causadas *por Campylobacter, Helicobacter* e bactérias relacionadas. *Journal of Comparative Pathology* 111:113-149.

Skirrow, M.B. e Blaser, M.J. (2000). Aspectos clínicos da infeção por *Campylobacter.* Em I. Nachamkin, e M.J. Blaser. *Campylobacter* (pp. 69-88). Washington D.C.: American Society for Microbiology Press.

Skovgaard, N. (1994). Criação de bandos de frangos de carne *com Campylobacterfvee.* In *Report on a WHO consultation on epidemiology and control of campylobacteriosis,* pp. 141-146. Genebra: OMS.

Smith, T. (1918). Spirilla associada a doenças das membranas fetais em bovinos (aborto infecioso). *The Journal of Experimental Medicine* 28: 701-721.

Smith, T., e Taylor, M.S. (1919). Some morphological and biological characters of the spirilla *(Vibrio fetus,* n. sp.) associated with disease of the fetal membranes in cattle. *The Journal of Experimental Medicine* 30: 299-312.

Smith, T., Maher, M., e Molloy, G. (1996). A utilização de métodos rápidos de deteção de agentes patogénicos baseados no ADN no desenvolvimento de sistemas HACCP. Em J.J. Sheridan, R.L. Buchanan, T.J. Montville. *HACCP: An integrated approach to assuring the microbiological safety of meat and poultry* (pp. 35-44). Connecticut, EUA: Food and Nutrition Press Inc.

Stanley, K.N., Wallace, J.S., Currie, J.E., Diggle, P.J., e Jones, K. (1998a). Variação sazonal de Campylobacters termófilos em borregos aquando do abate. *Journal of Applied Microbiology* 84: 1111-1116.

Stanley, K.N., Wallace, J.S., Currie, J.E., Diggle, P.J., e Jones, K. (1998b). The seasonal variation of thermophilic Campylobacters in beef cattle, dairy cattle, and calves. *Journal of Applied Microbiology* 85: 472-480.

Stead, D., e Park, S.F. (2000). Papéis da Fe superóxido dismutase e da catalase na resistência de *Campylobacter coli* ao stress de congelação-descongelação. *Applied and Environmental Microbiology* 66: 3110-3112.

Steele, T.W., e Owen, R.J. (1988). *Campylobacter jejuni* subsp. *doylei* subsp. nov., uma subespécie de Campylobacters nitrato-negativa isolada de amostras clínicas humanas. *Jornal Internacional de Bacteriologia Sistemática* 38: 316-318.

Stern, N.J., Clavero, M.R.S., Bailey, J.S., Cox, N.A., e Robach, M.C. (1995a). *Campylobacter* spp. em frangos de carne na exploração e após o transporte. *Poultry Science* 74: 937-941.

Stern, N.J., Fedorka-Cray, P.J., Bailey, J.S., Cox, N.A., Craven, S.E., Hiett, K.L., Musgrove, M.T., Ladley, S., Cosby, D., e Mead, G.C. (2001a). Distribution of *Campylobacter* spp. in selected U.S. poultry production and processing operations. *Journal of Food Protection* 64(11): 1705-1710.

Stern, N.J., Line, J.E., e Chen, H.C. (2001b). *Campylobacter*. Em F.P., Downes, e K., Ito. *Compêndio de Métodos para o Exame Microbiológico de Alimentos* (pp. 301-310). Washington, D.C.: Associação Americana de Saúde Pública.

Stern, N.J., Lyons, C.E., e Musgrove, M.T. (1995b). Qualidade bacteriana de frangos de corte e procedimentos alternativos de processamento. *The Journal of Applied Poultry Research* 4: 164-169.

Stern, N.J., e Robach, M.C. (2003). Enumeration of Campylobacterspp. in broiler feces and in corresponding processes carcasses. *Journal of Food Protection* 66 (9): 1557-1563

Tang, J.Y.H., Carlson, J., Mohamad Ghazali, F., Saleha, A.A., Nishibuchi, M., Nakaguchi, Y., e Radu, S. (2010a). Perfis fenotípicos de microarray (PM) (fonte de carbono e sensibilidade a osmólitos e pH) de *Campylobacter jejuni* ATCC 33560 em resposta à temperatura. *International Food Research Journal* 17: 837-844.

Tang, J.Y.H., Ghazali, F.M., Saleha, A.A., Nakaguchi, Y., Nishibuchi, M., e Radu, S. (2010b). MPN-PCR enumeração de *Campylobacter* spp. em carnes e subprodutos de frango. *Frontiers of Agriculture in China* 4: 501-506.

Tang, J.Y.H., Nishibuchi, M., Nakaguchi, Y., Ghazali, F.M., Saleha, A.A. e Son, R. (2011). Transferência de *Campylobacter jejuni* de frango cru para frango cozinhado através de tábuas de corte de madeira e plástico. *Cartas em Microbiologia Aplicada* 52: 581-588.

Tang, J.Y.H., Saleha, A.A., Abu, J., Ghazali, F.M., Tuan Chilek, T.Z., Ahmad, N., Sandra, A., Nishibuchi, M., e Radu, S. (2010c). Thermophilic *Campylobacter* spp. occurrence on chickens at farm, slaughter house and retail. *International Journal of Poultry Science* 9: 134-138.

Taylor, D.E., e Courvalin, P. (1988). Mecanismos de resistência aos antibióticos em espécies de *Campylobacter. Antimicrobial Agents and Chemotherapy* 32: 1107-1112.

Comité Consultivo Nacional para os Critérios Microbiológicos dos Alimentos. (1994). *Campylobacter jejuni coli. Jornal de Proteção Alimentar* 57: 1101-1121.

Tholozan, J.L., Cappelier, J.M., Tissier, J.P., Delattre, G., e Federighi, M. (1999). Caracterização fisiológica de células viáveis mas não cultiváveis de *Campylobacter jejuni. Applied and Environmental Microbiology* 65: 1110-1116.

Thomas, C., Gibson, H., Hill, D.J., e Mabey, M. (1999). Epidemiologia de Campylobacter: uma perspetiva aquática. *Journal of Applied Microbiology* 85: 168S-177S.

Trachoo, N., Frank, J.F., e Stern, N.J. (2002). Survival of *Campylobacter jejuni* in biofilms isolated from chicken houses. *Journal of Food Protection* 65: 1110-1116.

Uyttendaele, M., Baert, K., Ghafir, Y., Daube, G., De Zutter, L., Herman, L., Dierick, K., Pierard, D., Horion, J. J. B., e Debevere J. (2006).

Avaliação quantitativa do risco de *Campylobacter* spp. em preparados de carne à base de aves de capoeira como um dos factores de apoio ao desenvolvimento de critérios microbiológicos baseados no risco na Bélgica. *Jornal Internacional de Microbiologia Alimentar* 111:149-163

Vandamme, P., van Doorn, L.-J., Al Rashid, S.T., Quint, W.G.V., van der Plas, J., Chan, V.L., e On, S.L.W. (1997). *Campylobacter hyoilei* Aiderton et al. 1995 e *Campylobacter coli* Veron e Chatelain 1973 são sinónimos subjectivos. *International Journal of Systematic Bacteriology* 47:1055-1060.

Vandamme, P. (2000) Microbiology of Campylobacter infections: taxonomy of the family *Campylobacteracea*. Em I. Nachamkin, e M.J. Blaser. *Campylobacter* (pp. 3-26). Washington D.C.: American Society for Microbiology Press.

Vellinga, A., e Van Loock, F. (2002). A crise das dioxinas como experiência para determinar a enterite *pcr Campylobacter* relacionada com as aves de capoeira. *Doenças Infecciosas Emergentes* 8: 19-22.

Wagenaar, J.A., Jacobs-Reitsma, W., Hofshagen, M., e Newell, D. (2008). Colonização de aves de capoeira com *Campylobacter* e seu controlo ao nível da produção primária. Em I. Nachamkin, C.M. Szymanski, e M.J. Blaser. *Campylobacter* (pp. 667-678). Washington D.C.: American Society for Microbiology Press.

Waldroup, A. L., Rathgeber, B. M., e Forsythe, R. H. (1992). Effects of six modifications on the incidence and levels of spoilage and pathogenic organisms on commercial processed postchill broilers. *Journal of Applied Poultry Research* 2: 111-116

Wallace, J.S., Stanley, K.N., Currie, J.E., Diggle, P.J., e Jones, K. (1997). Seasonality of thermophilic *Campylobacter* populations in chickens (Sazonalidade das populações termofílicas *de Campylobacter* em frangos). *Journal of Applied Microbiology* 82: 219-224.

Wegmuller, B., Luthy, J., e Candrian, U. (1993). Diret polymerase chain reaction detection of *Campylobacter jejuni* and *Campylobacter coli* in raw milk and dairy products. *Applied and Environmental Microbiology* 59: 2161-2165.

Wempe, J.M., Genigeorgis, C.A., Farver, T.B., e Yusufu, H.L (1983). Prevalência de *Campylobacter jejuni* em duas fábricas de transformação de frangos na Califórnia. *Applied and Environmental Microbiology* 45: 355- 359.

Wesley, R.D., e Stadelman, W.J. (1985). The effect of carbon dioxide packaging on detection of *Campylobacter jejuni* from chicken carcasses. *Poultry Science* 64: 763-764.

Whyte, P., Collins, J.D., McGill, K., e Monahan, C. (2002). Assessment of sodium dichloroicyanurate in the control of microbiological crosscontamination in broiler carcass immersion chilling systems. *Journal Food Safety* 22(1): 55-65.

Widders, P.R., Perry, R., Muir, W.L, Husband, A.J., e Long, K.A. (1996). Immunisation of chickens to reduce intestinal colonization with *Campylobacter jejuni* (Imunização de frangos para reduzir a colonização intestinal com *Campylobacter jejuni). British Poultry Science* 37: 765-778.

Wistrom, J., e Norrby, S.R. (1995). Fluoroquinolones and bacterial enteritis, when and for whom? *The Journal of Antimicrobial Chemotherapy* 36: 23-39.

Zhao, T., Doyle, M.P., e Berg, D.E. (2000). Destino de *Campylobacter jejuni* na manteiga. *Journal of Food Protection* 63: 120-122.